Chapter 3 多功能的廚房空間

Chapter 4 乾淨舒適的用水空間

Chapter 5 將大自然景觀納入住家周圍

Chapter 6 讓生活增添色彩的房間設計

Chapter 7 豐富多元的住家門面設計

善用每一處的移動空間

圖例
視線
動線
採光
通風

Chapter 1 土地條件與住家外型

01

不影響北側隔壁住家採光效果的1.5層樓高住宅

須考慮到如何避免影響土地北側屋主老家建築採光效果的住宅。高度控制在1.5層樓高，確保雙親所居住的老家有足夠的光線照射。住家內部中央為挑高空間，並在上方南側裝設高側窗，讓住家整體空間都能保持明亮，空間開放且外觀搶眼。

2樓北側設有較低的傾斜天花板

住宅外觀是參考電影《海鷗食堂》的北歐風格。擔心住宅高度會影響隔壁住家的採光，而在2樓北側設置了較低的斜面屋頂。

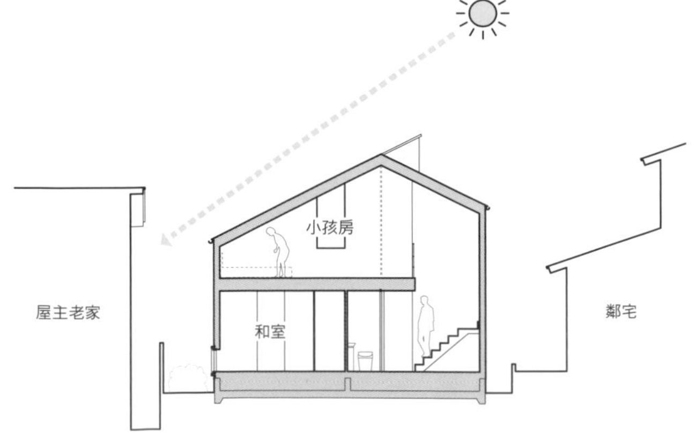

剖面圖

POINT1

為避免阻擋到土地北側屋主老家的日照，而規劃出和式的建築物高度與屋頂形狀。即便2樓內部的北側天花板只有90cm高，但已經預留擺放床鋪的空間，在空間的使用上不會產生任何問題。

POINT2

以住宅朝北的方向來規劃，希望營造出與老家住宅之間的一體性。在2樓南面設有高窗，能夠讓位在1樓中央的客廳和餐廳有充足的光線照射。

窗戶可看見大片的竹林景觀

可適度遮蔽廚房做菜動作的高腰壁設計

子女所居住的客廳、餐廳所看到的廚房方向空間，從高窗能看見土地北側的竹林景觀。

02

在北面設置高側窗 營造空間的療癒感

土地寬敞環境清幽的二代同堂一層樓住宅。建築物避開了南側的縣道，落腳於北側的底部位置。由於周邊環境腹地寬廣，可以直接將活動空間規劃在面向南方的位置，完全不必擔心隱私會因此曝光。高窗設計可觀賞到竹林景觀，營造室內的放鬆氛圍。

POINT1

因為考慮到土地環境溫度較高，而採用高地板設計，接著只要在南側的大型露台設置一般高度的扶手，就能確保隱私不會曝光，打造出能夠讓人放鬆心情的室內空間。

POINT2

雖然想要將整片的竹林景觀都納入視野範圍內，但由於鄰近有費用較低的通行道路，所以決定採用高窗設計，串聯景觀、空間、通風性的空間生活因素，在保有居家隱私的前提下，規劃出能放鬆身心的住家生活環境。

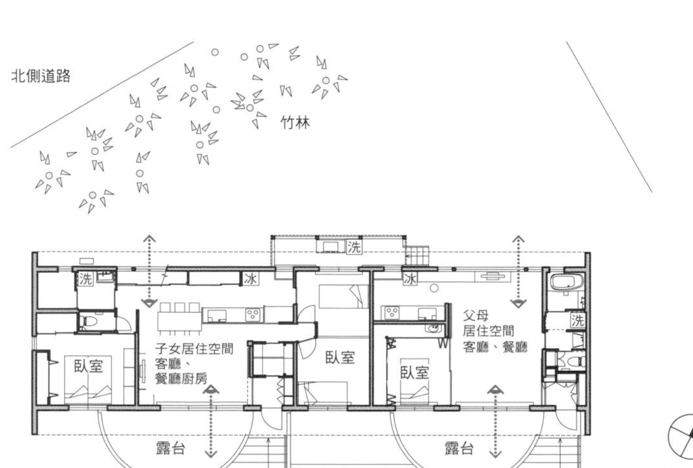

1樓平面圖

樓梯後方為廚房區

採用半透明的地板材，
讓光線可穿透至1樓空間

位在住家中心的樓梯。由於2樓設有半透明的樓梯區，可經由半透明天花板將自然光帶往1樓。

03
住宅密集區可利用「樓梯＋天窗」的設計來增加自然光的照射

市區住宅密集區內的土地狹小住宅。由於鄰接住宅區，所以只能默默接受1樓採光效果差的事實，因此決定利用住宅三分之一的空間來搭建一旁有天窗的鋼構樓梯，以及挑高空間。不管室外的天氣好壞，室內都能擁有足夠的自然光線照射。

POINT

2樓的樓梯兩旁採用半透明的地板材，天窗的光線可照射至住家中心，成功分配住家內部所有的光線照射路線。

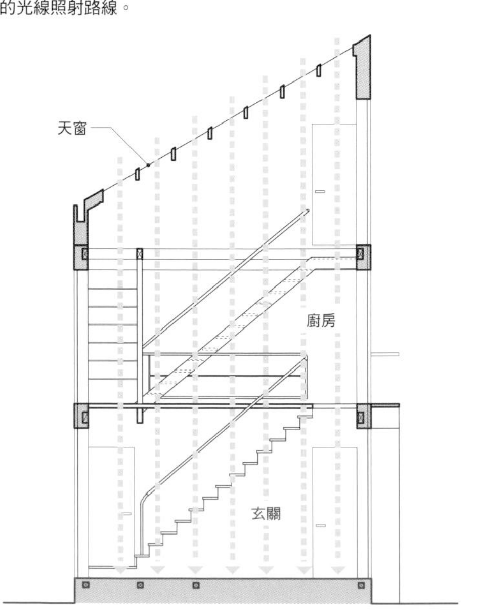

剖面圖

04

善用三角形的旗杆地，將樓梯設在住家格局的中心位置

三角形的住宅用地為取得各個區塊的最大空間，決定將樓梯規劃在整體空間的中心，避免出現不合適的空間配置。再者，將重點放在如何讓日常生活的規律感與內部空間規劃取得一定的平衡。

山坡上
視野廣闊的位置

三角形的旗杆地

不工整的旗杆狀土地，再加上位於山坡上，成為能夠遠眺公園樹木、遠景，以及丹澤山溪流與富士山的絕佳地點。

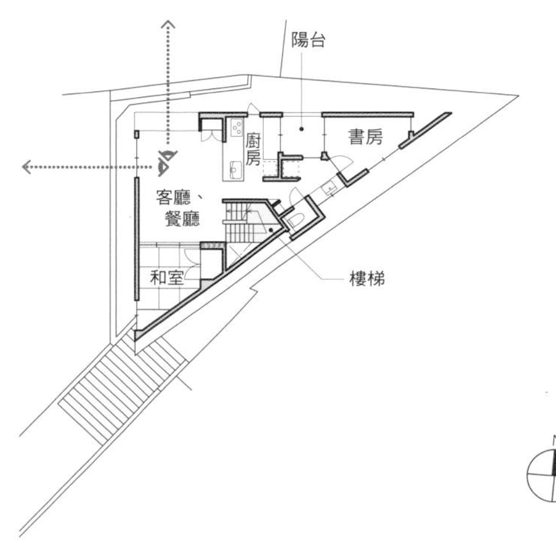

1樓平面圖

POINT1

將LDK規劃在能夠看到鄰近公園風景，以及眺望遠方丹澤山區與富士山的位置。樓梯則是位在建築物的中心部位，因為刪除了不必要的走道空間，所以能讓其餘空間有效發揮最大功用。

POINT2

住宅內的不完整空間作為和室和書房使用，並將LDK規劃為長方形，因此在室內活動時，完全不會因為土地不工整而產生任何的不便，住家空間的分配相當平均。

從室內不但能一覽周邊景色，同時也能看到部分的住家外觀

「く」字型的廚房

「く」字型的曲狀建築物整個被周圍大自然風景給包圍，木造露台可作為室外客廳使用。

05 從「く」字型的建築物所衍生出來的室內與室外休憩空間

放眼望去能看到大海和天空的無隔間住宅。面向太平洋且獨佔最高處的眺望地點，是以最少的變動方式將豐富資源的土地效用發揮到極致的建築物。除了將大自然景色帶入生活空間內，同時也希望建築物本身能成為美麗風景的一部分。

POINT1

「く」字型的曲狀住宅在設計上雖然只有單邊的斜面屋頂，但是這樣的相互搭配作用，卻能讓室內與室外產生能夠豐富變化的休憩空間。從住家內部的每一處空間都能眺望室外的水平線風景。

POINT2

將住宅外圍的屋外空間設計成木造露台，不但能保護住家隱私，還能作為第二個客廳來使用。

配置圖

客廳上方的挑高空間
具備絕佳的眺望視野

善用傾斜地的視野範圍與
土地高低差條件

與客廳相連的
露台

為了呈現出最佳的眺望效果，而採用大片玻璃外牆設計，雖然位在山坡上，但由於西側沒有其他住宅，還是能保有居家隱私。

06

擴大視野眺望範圍，可看見大海的客廳和露台

面向南側眺望方向搭建的傾斜地住宅。南側環境相當良好，但由於北側有擋土牆，所以將規劃重點放在北側空間的採光和通風。這棟住宅因為客廳和露台相連，而營造出室內空間的開放性，也連帶讓其他空間具備良好的周遭環境。

POINT1

設有客廳一側的衍生加寬空間，成為能放鬆心情的場所。客廳上方的挑高則是能讓空間顯得更為開放，連帶也提升了客廳以外空間的生活環境。

POINT2

餐廳地板比客廳還要高出40cm，即便是最底端的部分也擁有良好的視野。善用傾斜地的視野範圍以及土地高低差，而造就出這樣的住宅設計效果。

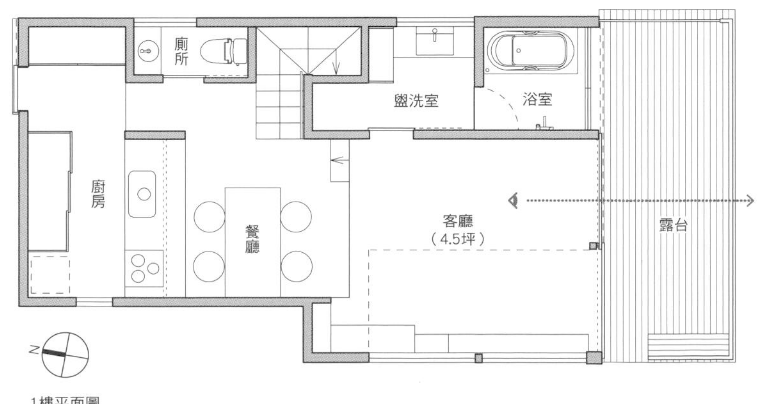

1樓平面圖

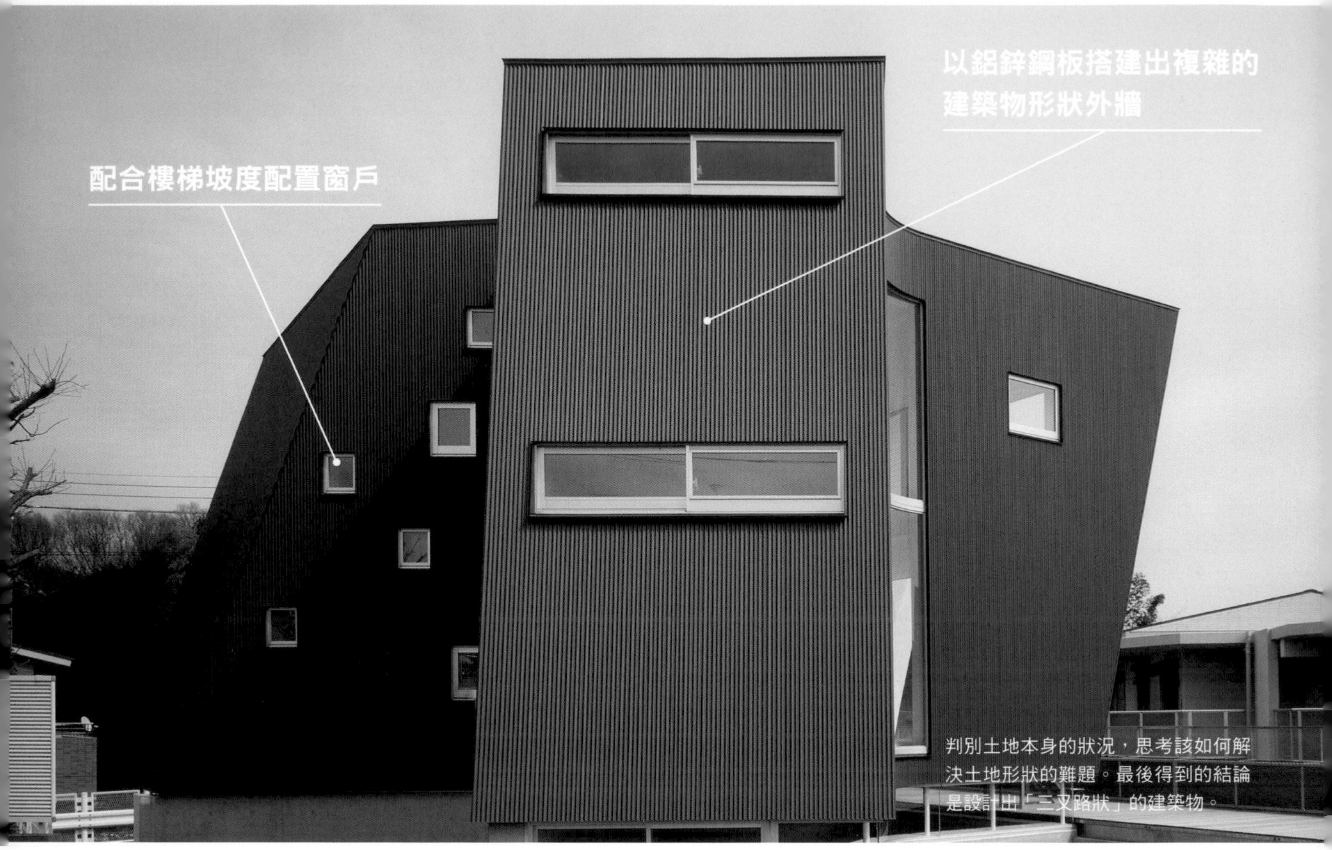

以鋁鋅鋼板搭建出複雜的建築物形狀外牆

配合樓梯坡度配置窗戶

判別土地本身的狀況，思考該如何解決土地形狀的難題。最後得到的結論是設計出「三叉路狀」的建築物。

07 以三叉路形狀的建築物來克服先天不良的土地條件

旗杆地、不工整的梯形，以及南側有高低差達4m的牆壁等問題纏身的住宅。但是並沒有避開土地的中央位置，而是採用從中心向四周延伸的配置方式，讓適度分散的庭院設計與建築面積之間能保有良好的關聯性。

POINT

建築物是搭建在土地的中央位置，以三叉路方式連接室內各個空間，造就住家整體都與庭院相接的結果。庭院面積總計有80㎡，相同的建築面積卻能保有2倍的有效外部空間。

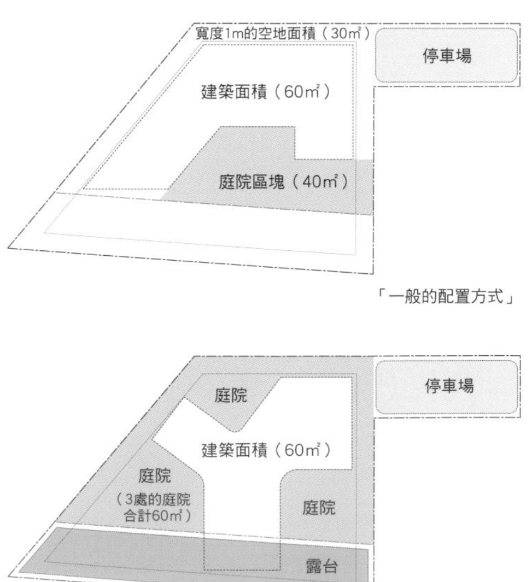

秉持著將土地本身限制條件，發揮出最大效益建築物型態的想法，成功地打造出獨一無二的「住家外型」。

08 遵守高度和日照規定，以最適合的高度來決定住宅形狀

第一種低層住居專用地區中有諸多建築物「高度」、「配置方式」等法規限制條件。此住宅可說是在遵守法規限制的前提下，朝著能發揮最大效用「住宅型態」方向而設計出來的住宅。其斜面外牆則是能豐富空間的創意產物。

POINT1

北側有高度限制，再加上日照規定而壓縮了建築物的配置方式。在不違反這些法規的狀態下，規劃出越往上走外牆範圍越大的巧思，使整體空間充滿豐富的層次感。

POINT2

所謂遵照土地法規限制條件，並提高建築效益的住宅型態，也就是指土地和住家形狀的外在特徵。

客廳、餐廳、廚房
收納
主臥室
浴室

剖面圖

可遮蔽北側鄰居住家視線的南面中央外牆

能適度遮蔽樓下路人視線的腰壁設計

由於在住家南側中央設置外牆，使得轉角窗不論在室外或室內都具備搶眼的存在感。提升了住宅空間的開放程度，但還是能保有居家隱私。

09 配合外部視線來設置窗戶，適度保護住家2樓客廳隱私

位在南側有隔壁住家的住宅區內，周遭環境良好，可欣賞外部景觀且空間寬敞，具備眾多優點於一身的建築物。為了讓生活空間更加舒適，而考慮到土地條件來規劃窗戶位置。一開始就放棄被遮蔽的南側正面景觀，以修正室內空間視野角度的方式讓住家休憩空間顯得更為開放。

POINT1

為避免有大片陰影產生，窗戶上方沒有設置小面積牆壁，讓室內休憩空間更顯開放。並設置腰壁讓八角窗帶出空間的延展性，也不太會接觸到樓下路人的目光。

POINT2

天花板因為使用了屋頂結構材，目的在於降低樑柱的存在感，營造出東南、西南、北側的三方空間寬敞程度。即便截斷部分空間也不會影響視野範圍，重點在強調空間的開放感與舒適度。

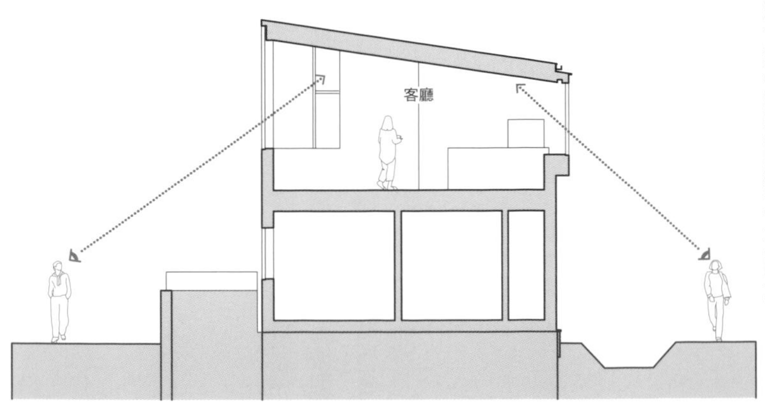

剖面圖

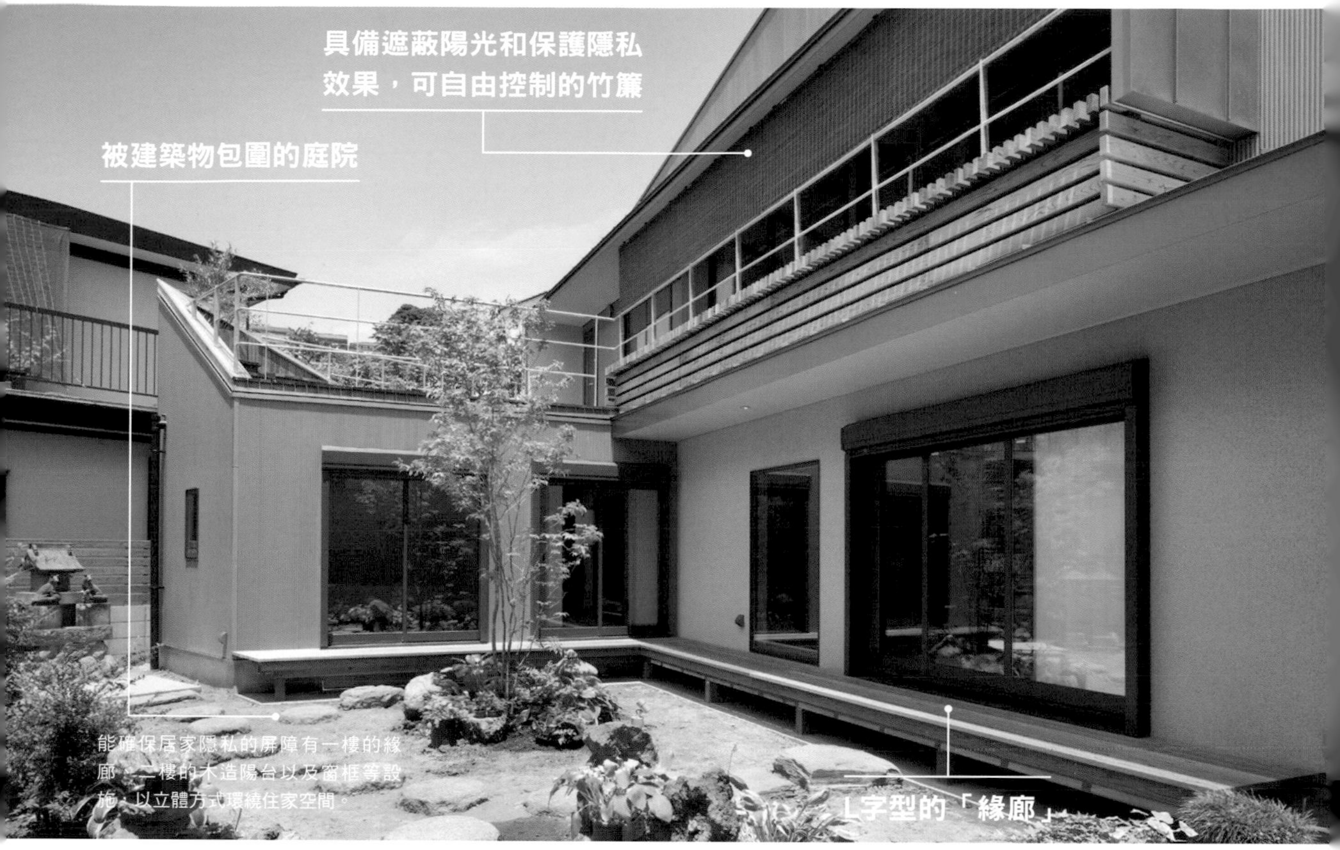

具備遮蔽陽光和保護隱私效果，可自由控制的竹簾
被建築物包圍的庭院
能確保居家隱私的屏障有一樓的緣廊、二樓的木造陽台以及窗框等設施，以立體方式環繞住家空間。
L字型的「緣廊」

10 善用旗杆地規劃出2個室外空間

利用旗杆型的不規則土地以及建築物配置方式，規劃出面向櫻花樹的玄關走廊與南側私人庭院的2個室外空間。住宅外型是以「傳統生活型態」、「隨著歲月越顯深度的典雅住宅」、「注重室外風景連續性」作為設計目標。

POINT1

善用旗杆型的不規則土地規劃出合適的建築物配置方式，設計出櫻花樹前方道路的玄關走廊，以及被住宅包圍庭院的2個室外空間。

POINT2

在保有現代舒適生活環境的同時，將「緣廊」、「竹簾」等日本傳統生活型態象徵物融入建築物中。還能感受到室外風景的連貫性，隨著歲月的流轉，在居住的心態上也會產生不同的情緒變化。

N
公寓
玄關走廊
河川
樓頂陽台
建築物本體
櫻花樹
私人庭院
鄰家
公寓
配置圖

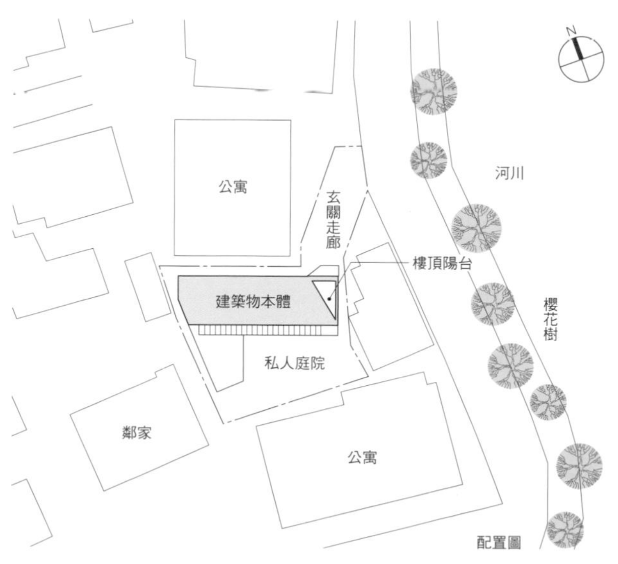

照射到地板的反射光線
營造出空間的寬敞感

沿著傾斜天花板設置的樓梯
可降低空間壓迫感

配合斜面牆所設置的開口部，梯形的窗戶內側為半透明的和紙，可保護住家隱私。

11 為了要解決斜線高度限制問題，而沿著傾斜天花板設置樓梯

為了讓住宅繼續保有原來北側鄰地的良好環境，而需要克服許多建築物北側外型上的限制問題。此住宅是以空間構成的基本要素，作為積極克服高度限制的思考方針，以這樣的方式找出最適合裝設樓梯的位置，並成功降低客廳和餐廳的空間壓迫感，有效將居住空間的寬敞度發揮到極致。

POINT1

考慮到北側鄰地的狀況，設定了比北側高度限制更加嚴格的限制條件，想辦法發揮空間設計的效果。像是在斜面外牆的地板底端設置間接照明燈，讓空間更顯寬敞。

POINT2

因為高度限制所以天花板不能太高，在此處設置樓梯不會碰撞到頭部，還能提升動線效率。底端的地板還能用來擺放花器等用品，顯現出空間的寬敞度。

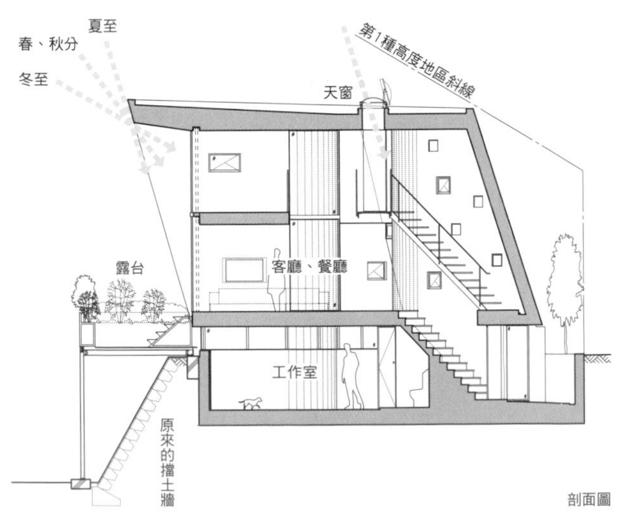

剖面圖

12 積極將法規限制融入外觀設計的都市型住宅

在決定建築物的外型時，最大的條件限制會是道路斜線高度。由於此住宅旁的道路有4m寬，所以住宅形狀會受到道路斜線高度的影響。因此建築物必須遵守道路斜線高度，而採用外牆縮進的設計概念，規劃出3層樓高的住宅。

「最大高度」的頂端高度限制

以高度線決定高度的北側

取決於道路斜線高度的建築物外型

依照土地特有的限制條件來勾勒出獨一無二的建築物形式，接著再融入設計概念。

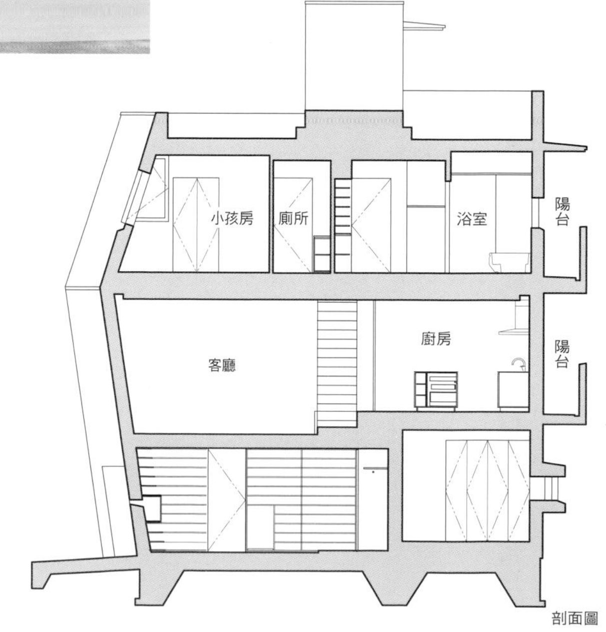

剖面圖

POINT1

北側因為有高度限制，所以會影響住宅形式，也要遵守日照高度規定，導致建築物的配置方式相當有限。再加上有道路斜線高度限制，諸多設計概念串聯起來而打造出獨一無二的住宅空間。

POINT2

此住宅的設計需求為「確保1樓的室外有停車場空間」、「2樓要有寬敞的LDK空間」。為了達成以上需求，而採取將建築物規劃為斜面外牆形式的設計概念。

能讓光線照射至牆上的天窗

朝西的大開口設有加寬的屋簷，可阻擋夕陽光線

窗邊的貴賓席有擺放訂製沙發

可眺望西側風景的大開口，格狀拉門可確保通風，還能避免居家隱私曝光

13
在充滿自然景觀的住家 規劃出能眺望風景的空間

開口朝西位在三角地的住宅，為了不讓客廳受到強烈夕陽光線照射，於是將屋簷高度降低且寬度加寬。坐在具備緣廊功能的露台上，就能欣賞到時時刻刻都在變化的景色和日落景致。並在客廳擺放訂製沙發，成為可眺望室外風景的貴賓席。

POINT1
朝西的大開口露台設有加寬屋簷可遮蔽夕陽光線，天窗則是能夠將光線集中至牆面。露台旁的格狀拉門能促進通風效果，也具備保護隱私的功用。

POINT2
從天花板越來越高的東側高窗可眺望鋸山的風景。

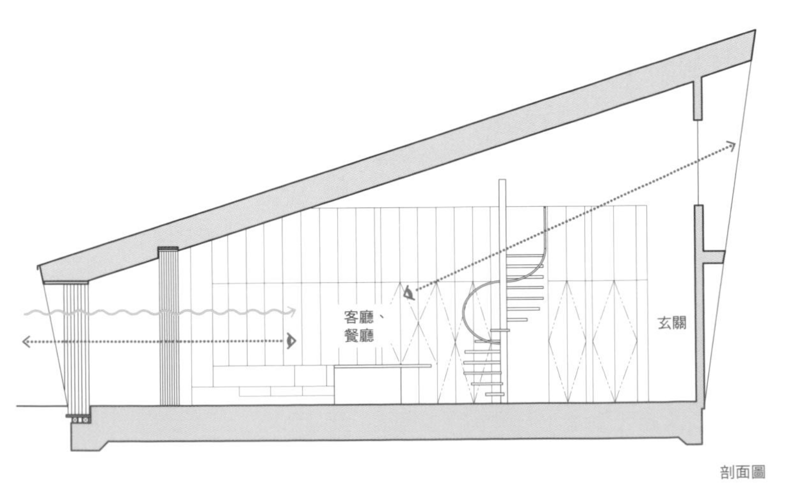

剖面圖

配合土地高低差而搭建的住家，2樓的LDK與庭院連接，這樣就能夠直接進入傾斜程度較嚴重的最上層空間。

14 善用傾斜地形搭建出1、2樓空間

要在傾斜地上方搭建住宅，必須就地形調查結果來制定安全守則。由於建築物土地有高低差，最大的好處是比較能夠設定各個樓層的關係。傾斜面作為住宅2樓主要活動的LDK空間來使用，規劃出可直接從庭院進入的獨特隔間方式。

POINT1

此住宅是利用斜面來配置各個樓層位置，呈現出立體的交錯式空間。1樓的屋頂是2樓的開放式露台空間，東側的露台則是能用來晾乾衣物等等，做為其他家事補足的空間來使用。

POINT2

可直接從2樓的LDK（玄關在1樓）前往庭院，藉由傾斜面來變換生活場所。2樓的立體交叉樓層搭建方式，能讓相同地板面積的空間變得更加寬敞。

餐廳
客廳

剖面圖

Chapter 2

讓人不想離開的LDK空間

01

跳躍式樓板的客廳、餐廳空間在迴遊動線的中心位置

設計概念為「在每個地方都感受到家庭氣氛的住家」，建築物整體有3分之1部分為樓層交錯的跳躍式樓板構造，盡可能創造出空間的延續感。連接樓層的樓梯位置分散，方便前往室內空間的各個角落，打造出具備立體迴遊動線的豐富住家環境。

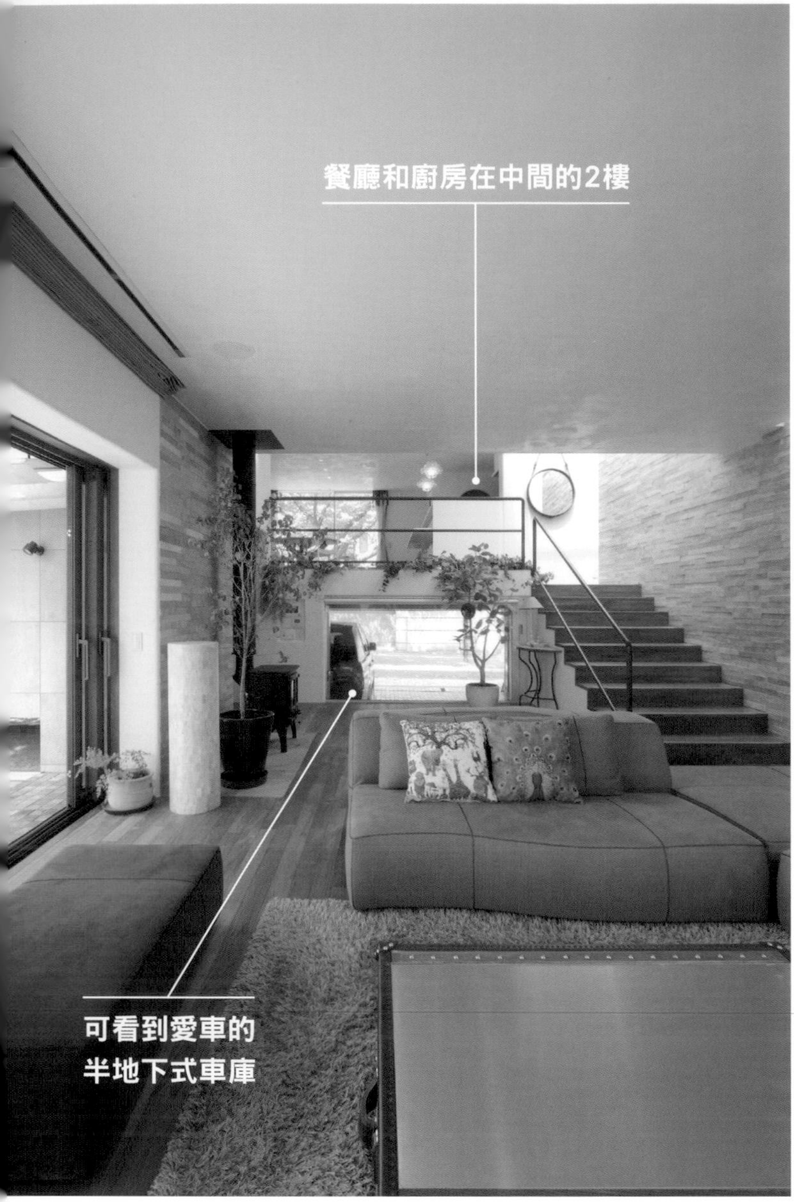

餐廳和廚房在中間的2樓
可看到愛車的
半地下式車庫

客廳為天花板高2.7m，11坪的大空間。從客廳可看見與跳躍式樓板相連的餐廳，以及連接大開口的庭院，也能直接掌握停放愛車的車庫狀況。

POINT1

客廳因為與南側、北側的上下部、西側的中庭等空間相連，而成為住家的空間接續核心。為了隨時掌控愛車狀況，並在車庫與客廳之間裝設密閉窗，可直接看到車庫內情形。

POINT2

因為將餐廳和廚房部分加高約半層樓高，藉此區分客廳和餐廳空間。有客人來訪時還能區分為私人空間和公共空間，也能適度遮蔽來自室外的視線。

浴室
餐廳、
廚房
主臥室
客廳
車庫
客房

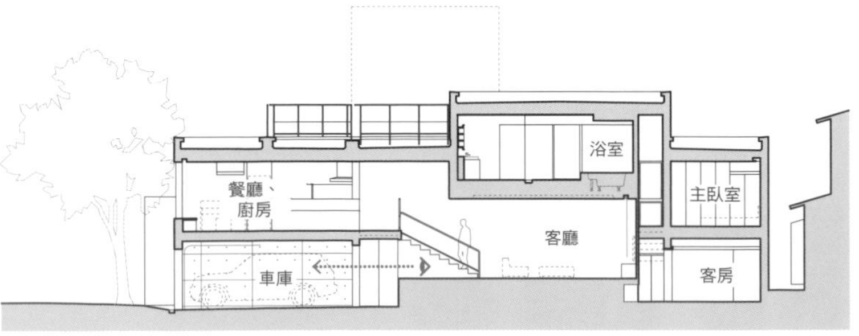

剖面圖

訂做的凹凸式水泥牆

連接廚房和客廳的收納櫃

黑色系的廚房採用了黑色的抽油煙機和鐵鏽色的磁磚，比較不容易看出污漬殘留。甚至還在廚房內的架高橫木區設置抽屜，不但能節省空間，還能確保有充足的收納空間。

02

黑色的廚房區塊成為室內裝潢的點綴

客廳的特色在於多功能用途的地板加高區，再加上以灰色與白色為基底的裝潢擺設。由於屋主提出「廚房使用全黑色系家俱」的構想，因此廚房採用無把手的極簡風，抽油煙機和電磁爐也都統一選用黑色系產品。至於後方的收納區則是因為要突顯廚房的黑色系整體感，所以搭配上白色構造簡單的收納櫃。

POINT1

由於廚房地點在住家的中心，所以不論前往何處都會經過廚房，是將廚房設置在住宅中央的代表性設計。

POINT2

規劃出廚房、客廳、餐廳和盥洗室相連的迴游動線，不但能有效縮短家事動線，還能改善通風效果

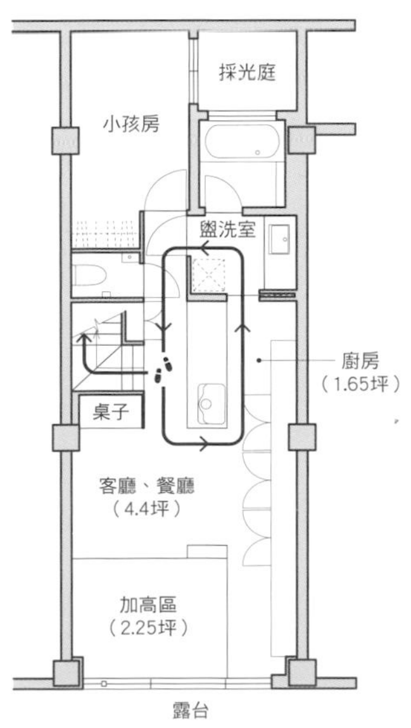

平面圖

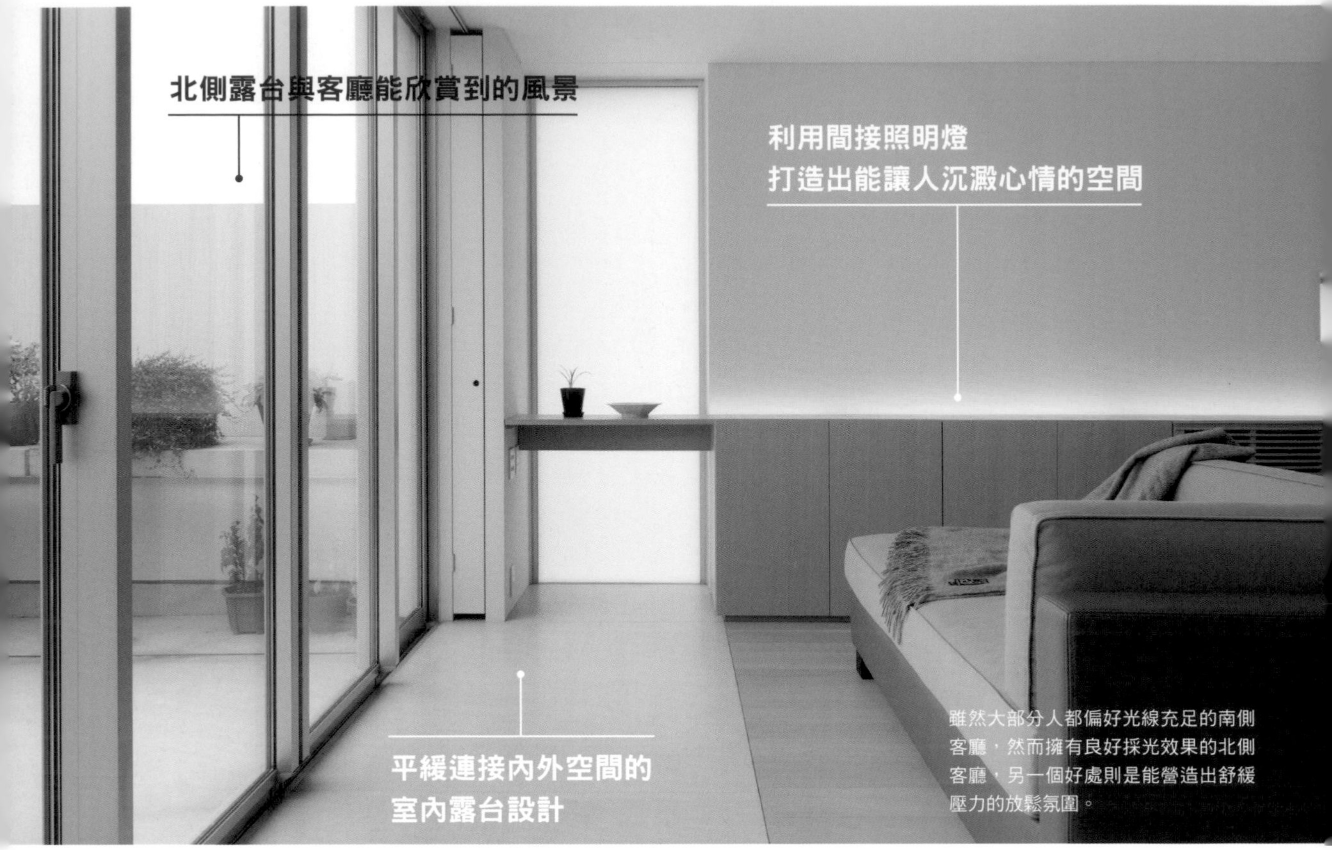

北側露台與客廳能欣賞到的風景
利用間接照明燈
打造出能讓人沉澱心情的空間
平緩連接內外空間的
室內露台設計
雖然大部分人都偏好光線充足的南側客廳，然而擁有良好採光效果的北側客廳，另一個好處則是能營造出舒緩壓力的放鬆氛圍。

03

面向北側露台的客廳空間有穩定的光線照射

一般來說都是將客廳設在光照充足冬天溫暖的南側，但是為了滿足屋主所提出，能夠做自己想做的事、感覺到身心放鬆的住家空間需求，於是大膽將此住宅的客廳設在面向北側露台的位置，因而造就出這個能獲得足夠採光效果的北側客廳。

POINT1

隔熱性和氣密度持續提升的現代住宅，即便將客廳設在北側也能擁有溫暖的居住環境。再加上不論季節變化都能獲得充足的採光，而能夠將平時用來看書、聽音樂的客廳、餐廳設在住家的北側。

POINT2

室內露台的設計可幫助連接內外空間，可將此處當作是寵物的飼料區或是盆栽擺放區，能配合居住者生活習慣做各種用途的變動。

北露台
（4.9坪）
室內露台
玄關
客廳、餐廳
（8坪）
臥室
（2.95坪）
廚房
（1.7坪）
陽台
N

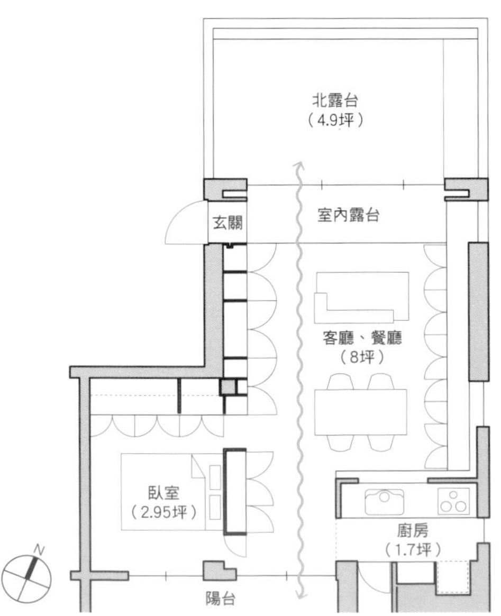

平面圖（部分）

透過窗戶可看見的風景
能感受時間變化的陽光

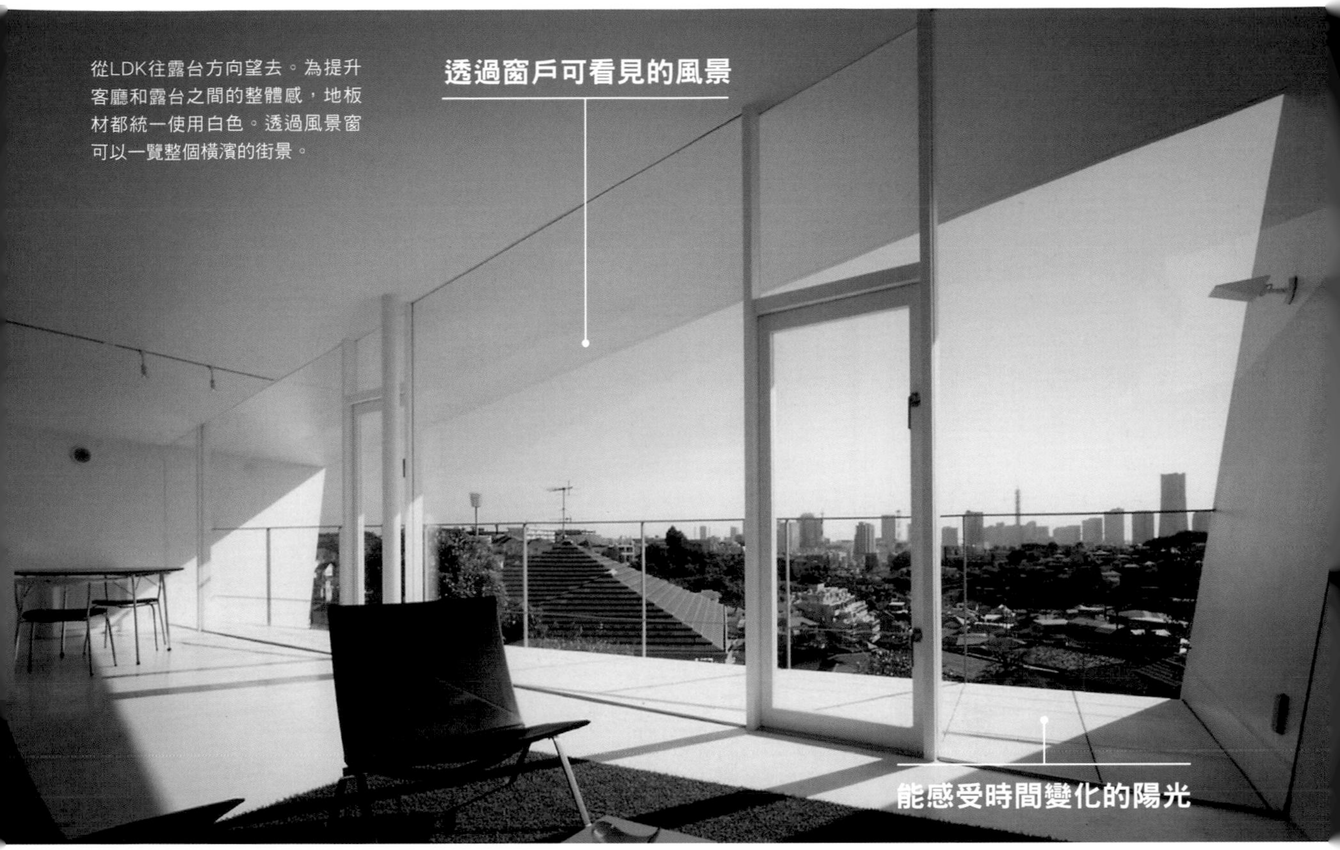

從LDK往露台方向望去。為提升客廳和露台之間的整體感，地板材都統一使用白色。透過風景窗可以一覽整個橫濱的街景。

04

大開口設計確保東側的風景眺望視野

由於客戶提出保留土地附近美景為最優先考量的要求，於是決定將建築物東側部分採取全面性開放的設計。為了要透過風景窗欣賞到完整的風景，不會被窗框阻擋視線，而採取圓筒鎖的木框構造，打造出無樑柱的ＬＤＫ空間。

POINT1

露台到LDK都能直接感受到隨著時間不同的光線變化，東側的大開口在早上有充足的陽光照射，較寬的屋簷則具備有阻擋白天強烈陽光的功能。

POINT2

住宅前方為一整片的橫濱風景，因為大膽將露台設計成梯形，而增加了客廳的空間深度。平面的延展以及高度的變化則是讓空間更有動態感。

客廳、餐廳、廚房
（15坪）
露台
N
平面圖

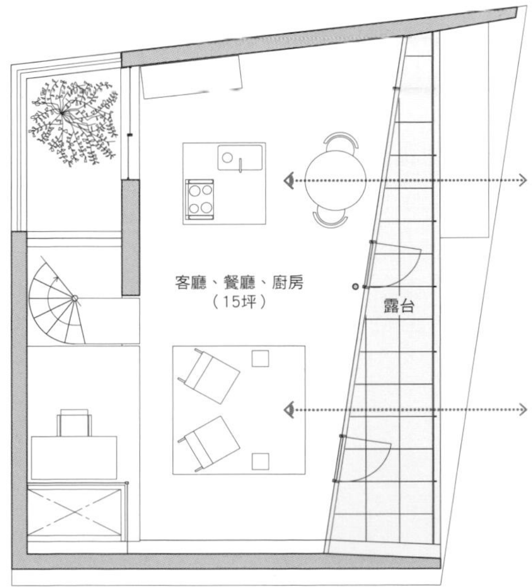

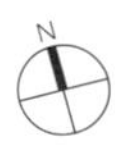

由於周邊有很容易被他人窺視的道路，所以在這一側不設置窗戶，直接以牆面示人。並將入口設在中央，底端則是寬敞的中庭空間。

05

能保護住家隱私，面向中庭的客廳餐廳空間

一大片的陽光灑落在面向中庭的客廳餐廳空間，中庭的位置在客廳區與房間區的中間，只要將所有的窗戶都打開，整個住家就能和露台連接成一體空間。考慮到客廳餐廳區東側的通風效果，而決定設置高側窗。

POINT1

中間夾著中庭，上方有挑高空間的客廳、餐廳與臥室相連的住宅。由於建築物位在住宅密集區，為了阻擋道路旁的視線，而大膽在道路側外牆上不設置任何窗戶。

POINT2

考慮到客廳、餐廳上方的挑高空間東側的通風性，而決定採用高側窗。這裡的通風效果也是屬於住家整體採光計劃的一部分，在西側上方設置牆面，則是為了阻擋黃昏的日照光線。

房間區　客廳區

房間　中庭　客廳、餐廳

剖面圖

保護隱私的百葉窗

能欣賞到鄰地的樹木風景

提高邊框效果的木造露台屋簷

從寬度約5.5m的落地窗所看到的風景，大部分的樹林是來自於鄰地。並提升木造露台的邊框效果，將眼前景色盡收眼底。

06

能一覽鄰地風景，享受豐富的大自然景觀

室內可欣賞到鄰地大片樹林的庭院風景，由於周遭都是住宅和別墅，因此特別找出不會遮蔽視野的位置作為開口部。還在餐廳外設置露台，提升室內與庭院關係，規劃出更為舒適的居住環境。

POINT1

周邊住宅景觀各有特色，但只考慮將鄰地的樹林納入視野範圍內。露台東側的百葉窗是為了遮蔽鄰居住家外觀。

POINT2

與餐廳相連的露台也是設計特色之一，所以特別加強了邊框效果。由於在餐廳外設置了露台，不但能拉近室內空間與庭院間的關係，也讓居住空間變得更為舒適。

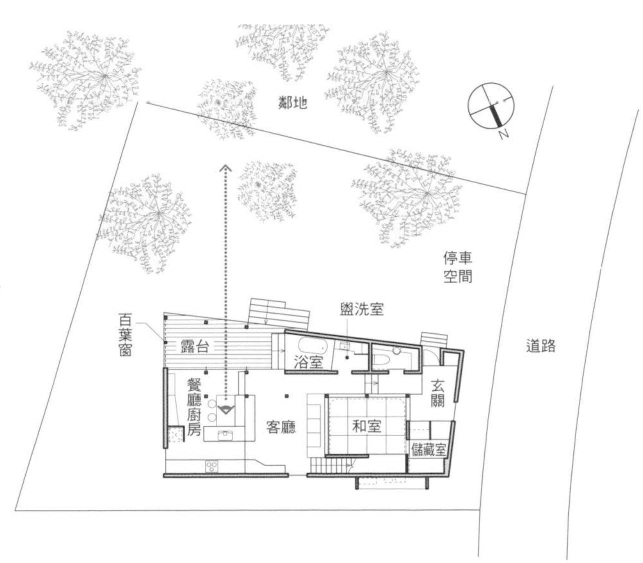

配置圖

與盥洗室相連的通風用小窗

客廳全景。牆面是使用舊木材，一部分可自由開關，不但具備通風效果，並呈現出讓人想要探險的設計感。

07

迴遊動線提升室內的通風效果

因為玄關旁的起居室光線昏暗又不通風，於是針對客廳旁的獨立式空間進行公寓翻修。花了不少心思找出用水空間以及固定式衣櫥的配置方式，終於規劃出迴游式的生活動線，搖身一變成為從客廳、盥洗室到臥室之間擁有絕佳通風效果的住宅。

POINT1

固定式衣櫥連接LDK與臥室，在有限的空間內發揮最大效益。此設計不僅能確保順暢的生活動線，同時還能提升室內的通風效果，改頭換面成為具備迴游式動線的住家。

POINT2

有訪客時可將連接臥室的固定式衣櫥拉門關閉，適度遮蔽來自客廳、餐廳的視線，確保居家隱私不會曝光。

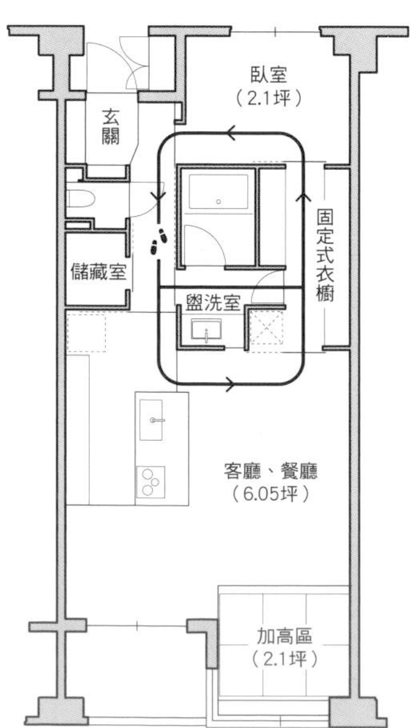

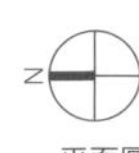

平面圖

加寬的屋簷
確保居家隱私

設法將周邊風景納入視線範圍內的療癒空間。藉由天窗與外圍的窗戶玻璃，就能感受到光線以及四季的變化。

可欣賞到周圍豐富的綠景

08 能夠營造開放感又能保護隱私的加寬屋簷

建築物的位置幾乎在土地的正中央，並且在3個方向都裝設窗戶，能夠從室內直接看到外面的風景，成功將周圍豐富綠景納入ＬＤＫ的視線範圍內。以及裝有加寬的屋簷而形成的傘狀屋頂，透過適度調整視線角度的方式提升空間開放感，同時還能保護住家隱私。

POINT1
透過天窗和外圍的窗戶玻璃設計，順利將光線和綠景集中至客廳、餐廳。不但能感受到四季的更迭，也會受到外頭各種變化的影響，成為與外部環境共處的生活空間。

POINT2
客廳上方的天窗是只能看見天空的設計。至於外圍的2×4工法木材則作為支撐屋頂的構造體，同時也具備讓受光線照射的外部與內部保持一定距離的百葉窗功能。

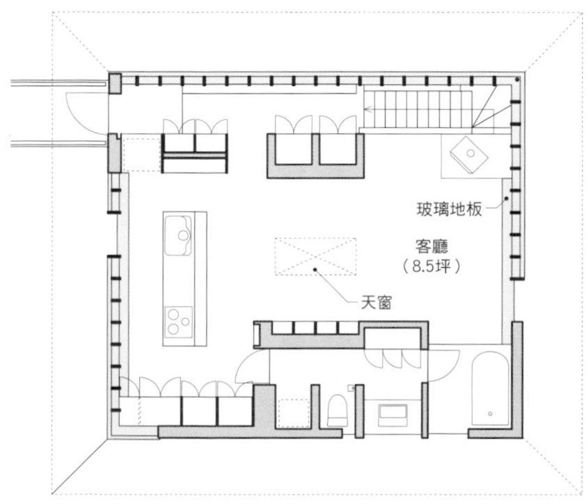

平面圖

高窗的自然採光效果

位在建築物北側的LDK，因為在挑高處設有天窗，能夠引導南側光線進入室內。

09 挑高空間的天窗 引導光線和微風進入室內

位在細長型土地上，東西兩側都被高聳建築物包圍，能確保小庭院通風和採光效果的傳統商家住宅。將LDK設在底端，因為想要獲得最佳的採光、通風、空氣流通效果而設置挑高空間。並在挑高處裝設天窗，將南側的光線與微風帶往室內。

POINT1

將部分的天花板架高，除了能確保高側窗的自然光線照射，還另外具備因為重力的空氣流通作用有自然通風的效果。

POINT2

為達到一定程度的自然採光與通風效果，而在各個房間都設有小庭院，透過自然的力量來提升室內空間的舒適度。

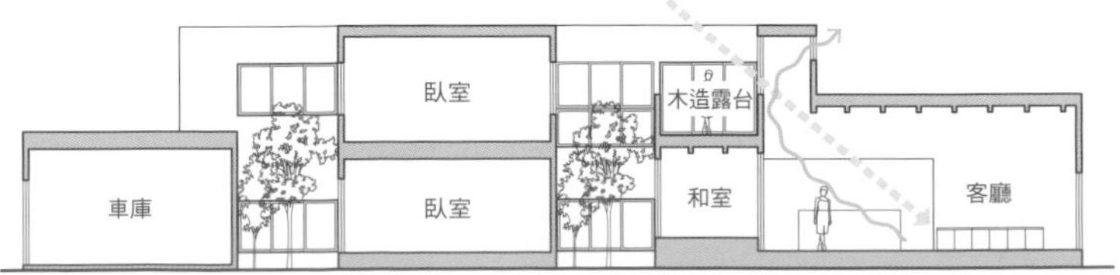

剖面圖

密合狀態的木製門

廚房空間

摺式紗門

面向南側庭院將拉門都開啟的狀態。室內的右手邊底端為稍微加高的廚房空間。

10 連接庭院的開放式座位區營造休閒度假感

住家南側有寬敞的庭院，打造出充滿度假氣氛，有大開口的開放式客廳、餐廳空間。為了加強與庭院之間的一體感，而在地板下方灌滿水泥，降低起居空間的地板高度能更接近庭院地面。

POINT1

木造露台和客廳選用相似的地板材，將面向庭院的開口部木門都打開，再以摺式紗門加強內外空間的接續感，提升與庭院之間的一體感。

POINT2

將地板高度降低至25cm左右，會感覺客廳、餐廳的天花板變高許多。透過延展至室內的天花板，讓客廳、餐廳空間顯得更為開放。

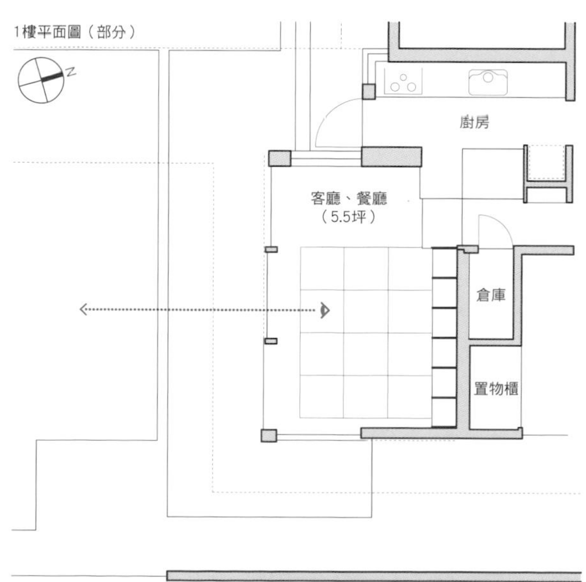

以家俱來隔間

保護隱私的百葉窗

LDK南面為全面性的開口設計。但由於位在住宅區，所以採用合成樹脂製的百葉窗來保護住家隱私。

11

單純的無隔間空間 可利用家俱自由變換格局

位於住宅密集區，在容積率和建蔽率數值相當高的建築面積上所搭建的住宅。與客廳一體化的陽台，是使用能緩和建築面積的透明FRP（玻璃纖維塑膠）製的格柵陽台。至於北側斜線高度限制的部分，則是以高聳的天花板來確保有最大的使用空間。

POINT1

提出將LDK設在單一空間內，並使用家俱來自由變換格局的構想。減少格局規劃和收納等用途會用到的木工家俱數量，來降低裝潢花費。

POINT2

單一空間的LDK會讓空間組成相對一致，只要調整天花板高度，或是刻意讓樑柱外露作為裝飾，就能賦予空間變化感。

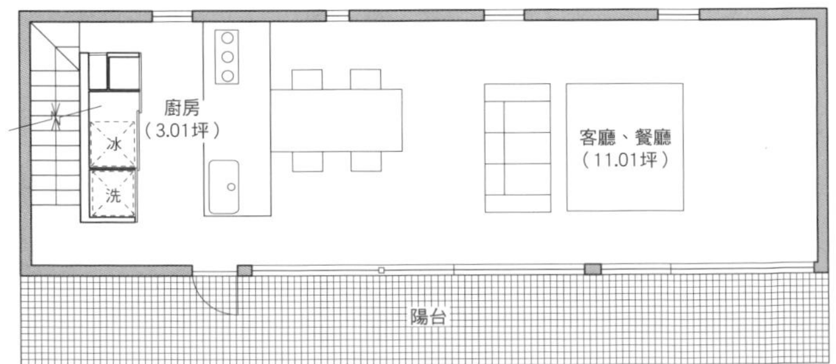

2樓平面圖

光線照射時產生陰影的灰泥牆面

一整排的木框格狀落地窗

格狀落地窗關上的狀態。2片落地窗有橫向延長的木框，並設置5面的木格窗，呈現出一整排窗戶的空間感。

12

大型的木格窗 搭配灰泥牆面就能改變空間印象

公寓住宅所進行的翻修工程，在翻修前2個房間則是呈現分開狀態，所以各自設有落地窗。翻修後的餐廳、廚房變得更寬敞，因此決定設置一片大型的落地窗。只要懂得如何善用木格窗，就能輕鬆解決空間的所有問題。

POINT1

在原來的左右推窗前再加上一片的木格窗，因為可直接將窗戶收放至牆面內，整體空間給人開放且設計俐落的印象。木格窗設計能幫助光線擴散，讓室內空間保持明亮。

POINT2

裝設面向陽台的2片左右推窗，並裝上各別的木框，接著再安裝木格窗，形成一整排的大型窗戶景觀。透過這樣的設計就能修飾整體空間不自然的部分。

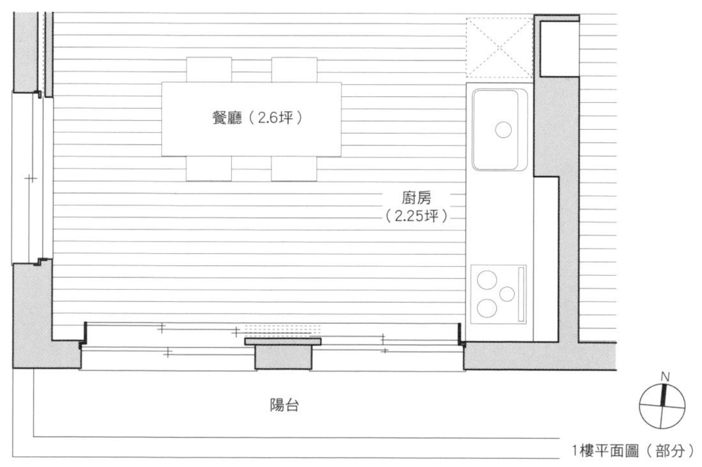

1樓平面圖（部分）

沒有裝飾的混凝土牆面

裝設鏡面的大型收納區

在兼具收納區開關門作用的可動式隔間牆上裝設鏡子，便能營造出客廳的寬敞感。

13 隨著家庭成員變化的可變動式客廳空間

整體空間採用混合構造（鋼筋水泥構造、鋼結構、木頭構造）的素材感，成為擁有大開口以及大型收納（全身鏡）的開放式客廳。至於餐廳則是透過樓上的圖書室和挑高順利讓空間產生接續感，是能夠隨著將來情況變化自由改變空間組成方式的住宅。

POINT1

扣除主要構造的鋼筋水泥，樓上的地板等其他區域全都是可拆除的部分。能夠自由變換窗戶的位置和大小、隔間牆、上下樓的結構等部位，需要動工的部位也能壓縮到最低限度。

POINT2

因為在大型收納區加裝了鏡子，而讓客廳看起來更顯寬敞。這種多用途的收納方式可以減少雜亂的生活感，再搭配上連續性的窗戶設計，成功營造出空間的開放感。

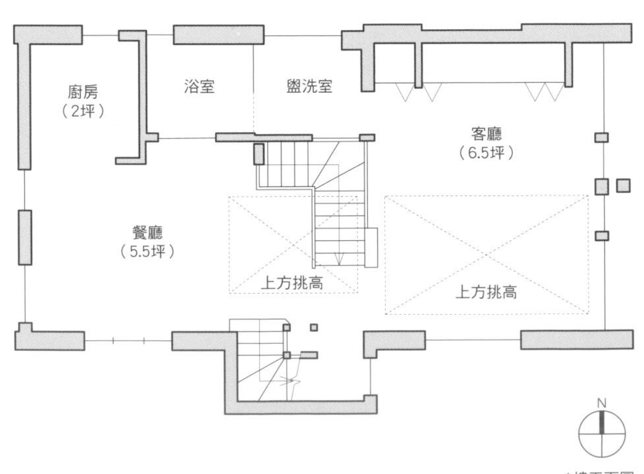

在樑柱上裝設間接照明燈

移除2樓的地板作為挑高空間

將2樓地板移除的起居室空間。為了要增加天花板的高度，大膽把2樓地板移除，讓整個空間變得較為寬廣。

14 移除2樓地板 讓空間更顯開放的傳統住宅

將屋齡有120年，從事養蠶工作所居住的古老住宅重新翻修。天花板高度僅有210cm，雖然不至於造成日常生活上的不便，但還是相當在意天花板高度過低的問題。因此決定移除部分天花板，讓空間變得更為寬敞，規劃出居家活動的主要場所，讓這棟具有歷史意義的住家搖身一變成為現代化的住宅。

POINT1

傳統住宅的天花板較低，因此採取移除2樓地板來增加天花板高度的手法。接著在2樓的牆面上設置窗戶，讓樓上空間保持明亮，可讓室內空間變寬敞且擁有充足光線。

POINT2

在天花板鋪設新的隔熱材，能增加室內空間的保暖效果。此舉能讓窗戶數量眾多的日本建築在熱能上下移動的作用趨緩，能有效提升住宅環境的舒適度

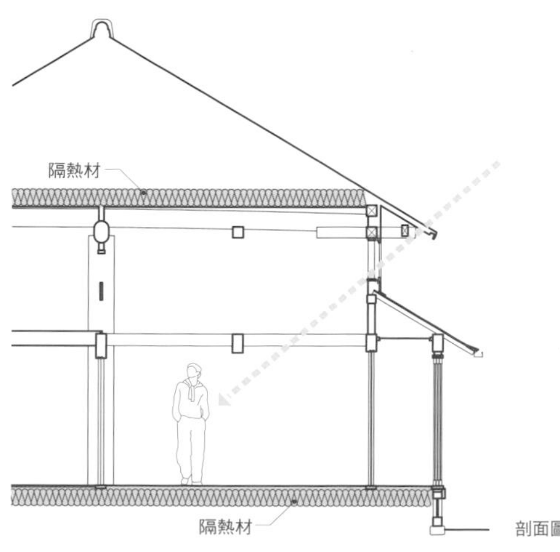

剖面圖（部分）

15

細長土地住宅透過分散中庭方式來營造空間開放感

二代同堂住宅中，子女所居住的餐廳空間。由於土地屬於細長型，若完全按照土地大小搭建住家，刻意營造空間的寬敞度，這樣只會讓空間更顯封閉。因此決定將中庭以分散方式設置，除了能改善眺望視野範圍，還能透過加高天花板的手法讓住家空間變得更開放。

轉角處2側都設有開口，算是全開口狀態，所以能擁有絕佳的視野範圍，是天花板高聳空間相當開放的餐廳配置方式。

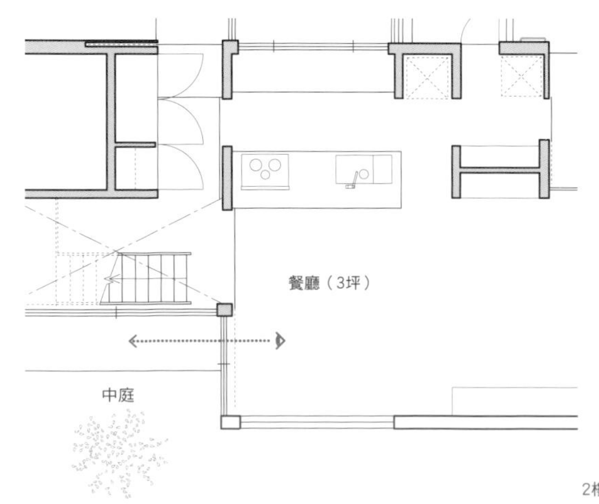

2樓平面圖（部分）

POINT1

子女所居住的2樓空間，是屬於土地周邊有閑靜風景的地區，天氣放晴時還能從餐廳直接看到遠方的富士山。吃飯時一邊眺望中庭的大柄冬青樹，讓人彷彿置身於森林中的餐廳。

POINT2

轉角處2側幾乎是全開口狀態，讓餐廳能保持光線明亮，空間也相當開放。打造出這個待在室內卻讓人感覺樹木就在身旁的特殊空間。這是個會讓人相當期待每天用餐時刻的住家空間。

中央有大型挑高空間的LDK，可透過南側貼有磁磚的緣廊空間將光線帶進室內。LDK與緣廊之間設有木製開關門。

鋪設磁磚的緣廊空間

內部裝潢使用日本國產杉木，以板倉工法*搭建

16 在南側設置緣廊空間作為緩衝區

在LDK南側設置鋪設磁磚的緣廊空間，作為室內、室外的中間領域空間。此舉能減少室內空間的溫度變化，讓整個居住環境變得更為舒適。整個住宅的結構和內部裝潢都是使用日本國產的杉木，以板倉工法搭建而成，住家的其中一個特色，則是擁有大型的挑高空間。

POINT1

南側的緣廊空間（＝緩衝區）與起居室都設定為內外的中間領域。內側的和紙木門和外側的通風格狀木門等設施的開關狀態，成為確保室內環境舒適性的關鍵。

POINT2

室內空間採用日本國產杉木，以板倉工法搭建完成。藉由木材的調節濕氣作用，讓室內空間保有清新的空氣感。

＊：板倉工法（いたくらこうほう），也稱為板倉構法，在壁材部分採用橫板搭建，不上漆的簡易木造建築的傳統工法。

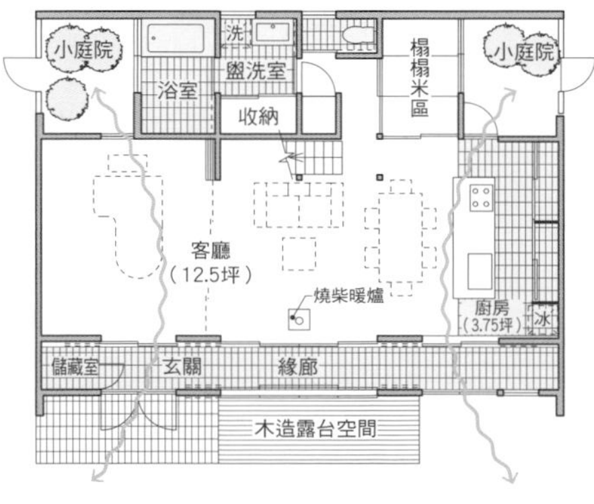

1樓平面圖

配合櫻花樹的枝幹位置所裝設的窗戶

可以賞櫻的廚房空間

不管是在吃飯或是烹調料理時，都能欣賞到整排櫻花樹景色的餐廳、廚房區。地板有鋪設磁磚，牆面和天花板則是直接塗漆。

17 以路旁櫻花枝幹視野來決定窗戶位置

以將前方道路櫻花樹，納入住家視野範圍為前提來規劃住家格局，最後決定將家人會長時間駐足的餐廳，分配在面向櫻花樹的位置。因為是和客廳相連的開放式空間，所以能打造出不論走到哪都能感受到綠意的住家環境。

POINT1

測量住宅前方的櫻花樹高度，在能夠欣賞到櫻花樹枝幹美感的地點設置大型窗戶。

POINT2

在能夠賞櫻的窗邊設置小孩的讀書區。採用在做料理時，也能夠和小孩有目光接觸的格局規劃方式。因為能夠直接和廚房的人對話，即便小孩正在讀書，彼此還是能進行對話。

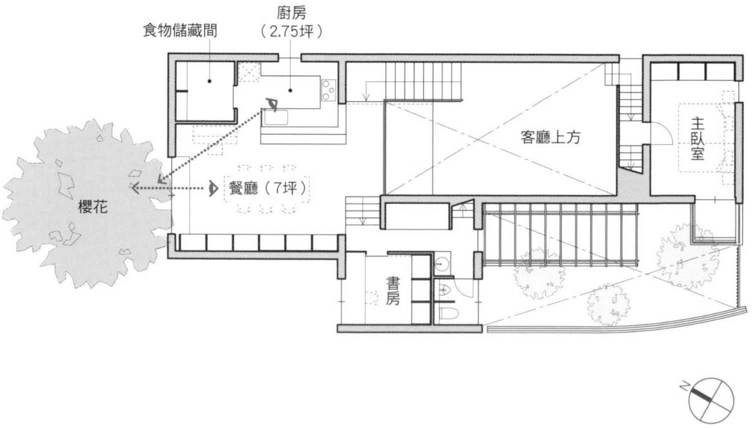

食物儲藏間
廚房（2.75坪）
客廳上方
主臥室
櫻花
餐廳（7坪）
書房

2樓平面圖

將拉門關上的食品倉庫

下方收納式的餐桌

將地板高度增加45cm的餐廳，將下方收納式的廚房視線高度，以及餐廳坐下時的視線設定為一致的高度。

18 將餐廳空間稍微加高來統一廚房視線的高度

能夠看到在廚房做菜的人，也能互相對話的下方收納式餐廳。可以邊吃飯邊喝酒，還能同時掌握小孩的讀書狀況，在各種情況下可以當作第2個客廳來使用，成為家族團聚與活動區域的場所。

POINT1

稍微加高的下方收納式餐廳，將坐下的視線與廚房站立時的視線設定為相同的高度。特色是可作為家人團聚的聊天場所使用，下方則是收納區空間。

POINT2

餐具架和冰箱等擺設都能收放在拉門後方。在烹調料理時可打開門使用，有客人來訪時則是將拉門關上，不會直接看到雜亂的廚房收納區。

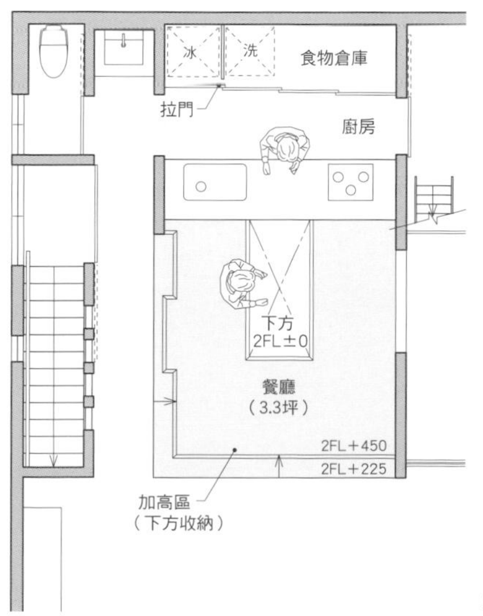

平面圖（部分）

19

將同時作為工作室使用的餐廳設在客廳旁邊

寬敞的獨立空間，天花板高度達3.3m的餐廳。除了是用餐地點以外，考慮到此空間還必須兼具工作室與會議空間等需使用到桌面的用途，於是決定將餐廳設在客廳的角落。

可彼此對話但不會直接看到後方，上方留有空隙的牆面

餐廳所看到的廚房空間。牆面和壁櫥上方有照明燈，不分晝夜都能保持明亮。

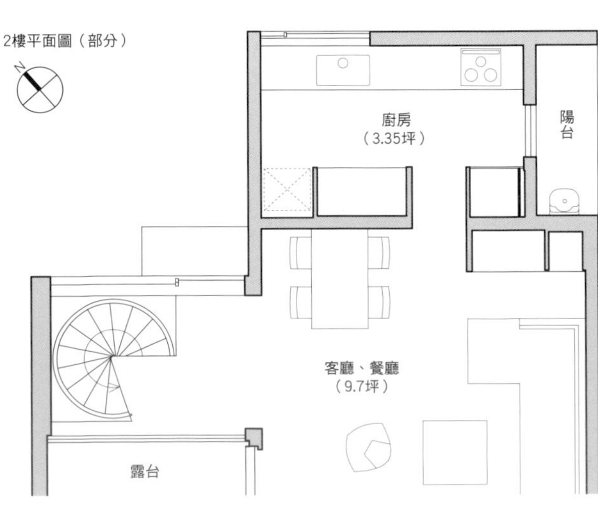

POINT1

客廳角落的餐廳空間。雖然是用餐空間，但是為了要作為訪客接待以及工作室使用，而刻意將廚房規劃成獨立式空間。

POINT2

廚房和餐廳之間有隔間牆區隔，但由於上方留有空隙，還是能彼此對話。這樣的設計方式不會直接看見廚房內的狀態，能營造兩個空間的區別性。

將原有的管線間塗黑作為裝潢點綴

樑柱和管線間截斷LDK空間

廚房內擺放簡單的收納家俱，將容易造成雜亂感的家電收放在管線間底端，作為家電收納區使用

20 與客廳自然銜接的餐廳、廚房空間

因為原來的管線間和樑柱導致客廳與餐廳、廚房分開的住宅翻修計劃。除了部分區域的表面裝飾需統一之外，在設計面上也促成客廳和餐廳、廚房之間的空間接續感。在細長的空間裡擺放細長的餐桌，讓餐廳成為家人和訪客聚集的住家中心。

POINT1

以東西兩側的陽台相連方式分配客廳與餐廳、廚房位置，並確保室內空間具備良好的通風與採光效果。而為了讓住家環境保持整齊，還加上了非隱藏和隱藏式的收納設計。

POINT2

廚房上方的壁櫥和客廳的電視櫃都是使用同樣的柚木材。廚房牆面和客廳電視櫃後方的牆面也都貼有相同的磁磚，以室內裝潢來突顯空間的接續感。

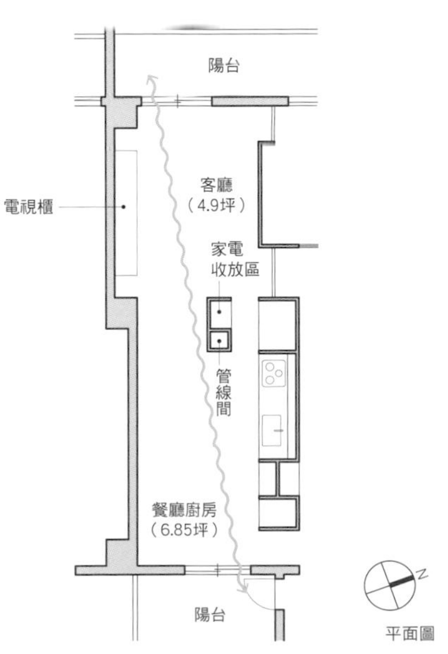

平面圖

21 在挑高空間牆面上設置能欣賞戶外風景又能保護住家隱私的大型窗戶

為了讓南側的中庭和家人聚集的客廳、餐廳呈現一體化空間設計，決定在面向中庭露台的位置設置大開口。另外，為了能夠從讓客廳、餐廳直接欣賞到面向土地北側的櫻花景觀，而在挑高處設置寬度達2m的窗戶。

設在挑高空間的2m寬窗戶

即便是自然與外部連接的空間，也不必在意來自散步道路和鄰地的視線，因為客廳的設計能確實保護住家隱私。

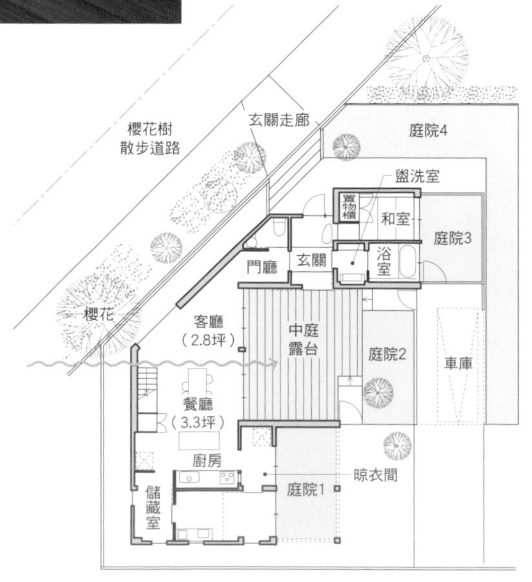

1樓平面圖

POINT1

由於屋主很喜歡綠色植物，於是規劃出中庭露台以及4個地點的庭院。如此一來，不論身在何處都能感受到季節的大自然變化，還能夠欣賞到櫻花景色。

POINT2

在客廳上方設置高度達2層樓的跳躍式挑高空間，並在廚房旁邊設置容易清掃且動線明瞭的大容量儲藏室。

迴遊動線底端鋪有琉球榻榻米的客房空間

廚房旁邊的家事吧台桌

餐廳內所看到的客房空間。讓人感到心情放鬆且鋪有榻榻米的客房內設施完備，並設有可收放棉被的壁櫥。

22 半開放式的家事吧台桌以及與客房連接的廚房

住家的優點在於規劃出迴遊動線，可有效提升家事效率。因為在迴遊動線底端的客房和餐廳設置相連的家事吧台桌，而成功塑造出位在底端的空間開放感。

POINT1

餐廳、廚房和客房之間以壁櫥連接，營造空間的一體感。並縮小廚房、食物倉庫、臥室、客廳間的活動路線，是能夠提升家事效率的隔間方式。

POINT2

將廚房底端的拉門關上，就會搖身一變成為相當安靜的客房空間。平常是用來練習活動的房間，等到有客人來訪時可作為客房使用，具備多樣性的用途。

平面圖

Chapter 3 多功能的廚房空間

跟咖啡廳如出一轍的收納工具

以舊木材組合拼湊而成的廚房

壁櫥和廚房本身都鋪滿舊木材，強調整齊一致的排列感，呈現猶如咖啡廳般的裝潢風格。不那麼顯眼的收納工具是選用市面上販賣的商品，能有效降低翻修費用。

01

以舊木材為主要裝潢素材的咖啡廳風格廚房

公寓住宅的翻修計劃。位在住家LDK中央的廚房空間，成為左右整體空間裝潢的主要因素。為了配合已經剝落的鋼筋水泥天花板外觀，廚房則是選用長條狀地板材的搭配組合，讓整體的住家空間散發出咖啡廳氣息的設計風格。

POINT1

位在LDK中心的廚房。規劃出能直接前往客廳和餐廳的迴遊動線，藉此減輕家事負擔。儲藏室則是用來擺放罐頭、避難食物、大型餐具等物品。

POINT2

從壁櫥到廚房主體設施，都是由舊木材組合而成，目的在於營造咖啡廳的裝潢氣氛。而且還在壁櫥上下方都裝設間接照明燈，確保烹調料理時空間有足夠的光線亮度。

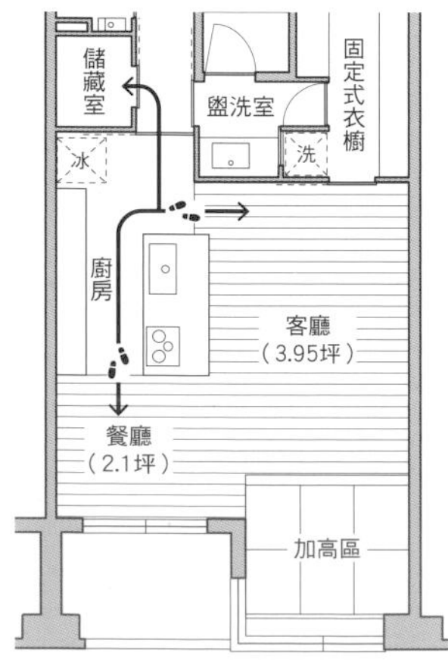

平面圖（部分）

通往食物儲藏室的開關門

後方為餐具和烹調器具的收納處

可遮蔽北側視線的高側窗

通往食物儲藏室的開關門和廚房後方的收納門是使用相同的木材，讓空間的設計裝潢盡量保持一致感。

02

別墅的廚房設計重點是「打造出能歡聚的場所」

別墅的廚房條件有別於一般住宅，以設計考量的優先順序來說，比起方便使用性，還更在乎空間是否能讓人產生「愉悅心情」。由於並非平日一定會使用到的空間，平常也不會獨自一人隨意駐足此處，但卻是會影響許多人的住家場所，所以要相當慎重地來規劃。

POINT1

多人同時待在廚房也不會互相碰撞，確保有足夠迴遊動線的廚房空間規劃。由於走道的寬度有110cm寬，廚房可同時容納多人烹調食物，成為住家活動的中心區域。可說是特別強調「能讓人感覺心情愉快」條件的廚房設計方式。

POINT2

設置能夠遮蔽來自北側鄰居住家視線的高側窗，不但可以保護住家隱私，也能營造出空間的開放感。

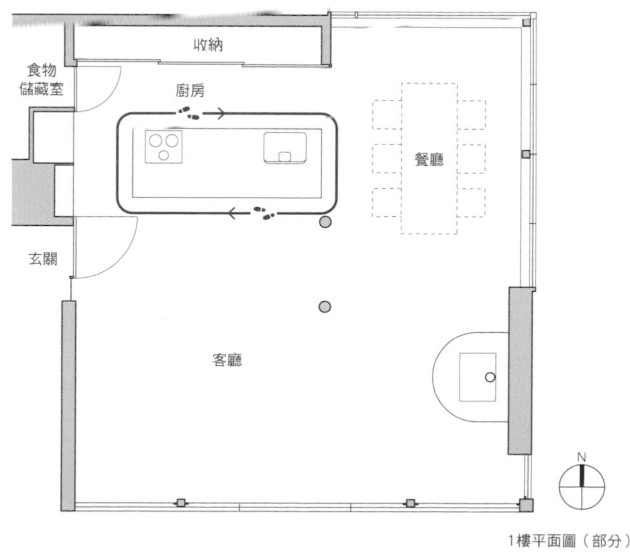

1樓平面圖（部分）

採用跳躍式樓板設計的廚房餐廳空間，平常是作為與餐廳同為一體空間的開放式廚房來使用。

03

因應必要狀況 在廚房設置隱藏式拉門

開放式廚房雖然寬敞舒適，但缺點是突然有客人來訪時，無法立即有所因應來避免隱私曝光。因此有些人會因為料理方式，而偏好單一出口的獨立式廚房設計。為了解決空間過度開放的問題，而選擇在廚房前方設置拉門，進而創造出這個既開放又獨立的廚房空間。

POINT1

突然有客人來訪時，可迅速將能收放進牆內的拉門關起來，完全遮蔽廚房。由於此空間地板比玄關還要高出半個樓層，因此光線相當充足。

POINT2

在廚房旁的食物儲藏室旁設有能通往車庫的側門。這是考慮到廚房往家事室、盥洗室、固定式衣櫥（WIC），以及前往妻子活動區域的動線流暢度，所採用的空間格局規劃方式。

食物儲藏室
側門
浴室
家事室
廚房（2.5坪）
玄關收納
車庫
盥洗室
開關門
固定式衣櫥
餐廳（3.25坪）
玄關
嗜好室
露台
玄關門廊
妻子活動區
曬衣場
N

1樓平面圖（部分）

從餐廳內所看到的廚房，右手邊的晾衣間和風景窗營造出空間的開放感。

04

在完全開放的廚房空間設置大量隱藏收納設施

謹慎地構思完全開放的廚房空間內清潔用具、砧板、清潔劑、烹調器具等物品的收納計劃，以及作業活動的模擬測試。住宅是以多數客人來訪舉行派對的使用空間為前提來設計，由於在廚房旁邊設置了寬敞的食物儲藏室，能確保有足夠的收納空間。並設有可動式隔間設施，在做菜時能將餐廳和廚房區隔開。

POINT1

廚房是以多人歡聚舉行派對為前提的設計，所以有足夠空間保存大量的食物。由於廚房設施比一般廚房還要多，因此設置了大型的食物儲藏室。

POINT2

能夠烹調各式料理，在中島式廚房內選擇不安裝會製造油煙、食物容易噴濺的瓦斯爐，而是選用能夠將料理直接保溫的電磁爐加熱設施。

冰
廚房
食物儲藏室
晾衣間
餐廳
N

2樓平面圖（部分）

間接照明燈和木紋引人注目的玫瑰木薄木板非常契合，相互營造出廚房的寧靜氛圍。

05 有效率地使用間接照明燈來為裝潢加分

靈感來自渡假飯店的廚房設計。採用玫瑰木的樹種，呈現出有個性的木紋外觀，突顯這個讓人放鬆的廚房空間設計特色。並透過間接照明燈提升表面木紋的美感，有效提升整體的空間氣氛。

POINT1

把廚房當作是家俱，並有效利用間接照明燈，將廚房打造成能夠增添空間氣氛，兼具烹調食物場所和家俱功用的空間。

POINT2

大容量的收納空間搭配上精簡的動線，規劃出L型的多功能廚房空間。大理石的桌面尺寸為360×200cm，使用面積相當足夠。吧台桌旁邊則是有深度達100cm的寬敞料理空間。

廚房（4坪）

餐廳（7坪）

N

平面圖（部分）

水泥製的吧台桌

沙發擺放空間

合作式住宅的地下樓層住戶，住家的兩端分別設有曬衣空間。內部則是設有4m長的吧台桌和3m的沙發擺放空間。

06

追求簡單的設計，現場以水泥堆砌而成的廚房空間

合作式住宅的地下室樓層住戶在廚房設置水泥製吧台桌。不只是追求簡單的設計，還能降低花費，營造出整體空間裝潢素材風格的一致性。吧台桌下方則擺放有可動式家俱，上方也刻意不加裝開關門，將其設定為開放式使用方式。

POINT1

連接水泥牆面的廚房設計，以水泥直接製作出廚房吧台桌和隔出擺放沙發的空間。突顯長條狀住家的空間形狀，雖然是極為簡單的平面設計，但是動線的規劃卻相當確實。

POINT2

雖然是持久性佳的水泥設施，但是若直接保持原狀會遭受水分滲透，作為廚房空間使用最好還是在表面覆蓋防水素材。

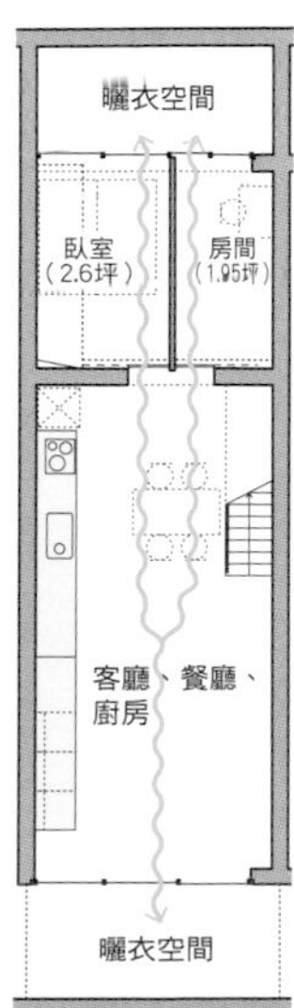

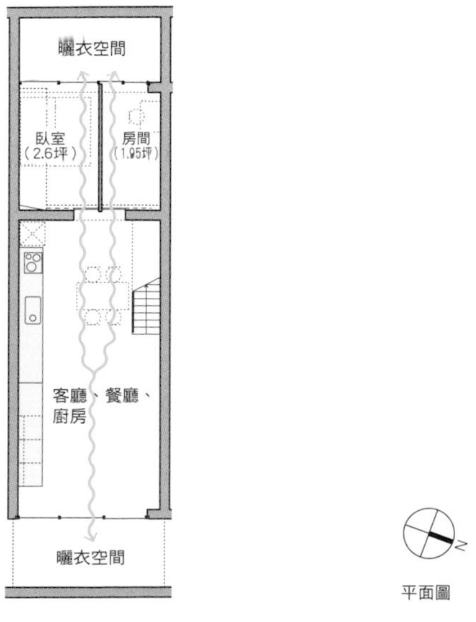

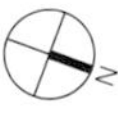

平面圖

07

做菜時還能欣賞庭院風景，串聯活動路線的廚房空間

廚房成為連接客廳、餐廳和走道通往庭院的動線空間，有三個方向的出入口，跳脫給人封閉印象的家事動線。將客廳和餐廳打造成能感受家人歡聚溫暖氛圍的場所。

以直接通往露台的側門

廚房全景。左手邊隔著作業台和另一條走道平行。從那裡可以不經過廚房直接出入客廳。

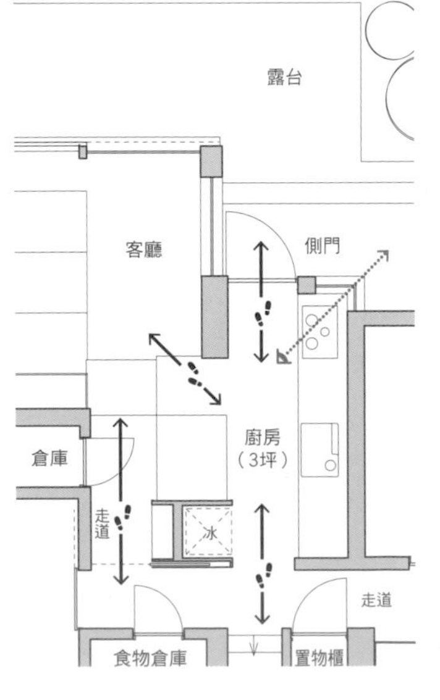

1樓平面圖（部分）

POINT1

能夠直接從客廳餐廳區、走道、庭院的3個方向進出，給人空間開放印象的廚房。走道對面則是設有食物倉庫、一般倉庫和置物櫃。

POINT2

在瓦斯爐前方設有轉角窗，能夠在做菜時邊眺望庭院風景。此外，廚房位於從客廳後方且稍微不通風之處，從南側的側門得到採光及通風。

方便在吧台桌上傳遞餐盤的高度

廚房一體化形式的餐桌

具體實現家人能彼此盡情聊天對話，縮短家事動線的廚房空間。一旁的後方則是家事空間。

08

廚房的一體化 多功能吧台式餐桌

育有二子的雙薪家庭相當重視廚房的機能性，於是便設計出一體化形式的廚房吧台桌。妻子提出「不必擔心用餐時座位問題」的想法，因此在規劃上更注重動線的流暢度。打造出相當開放的周圍空間，並採用家中最短行進路線的格局規劃方式。

POINT1

廚房一體化的吧台式餐桌不論是在吃早餐或是個別用餐時都相當方便使用。一旁並設有便利的書櫃和冰箱。與客戶徹底討論有關廚房機能性和家事動線相關內容後，將想法具體實現的空間規劃方式。

POINT2

前往住家的任何角落都沒有多餘動作，規劃出最短距離的流暢活動路線的廚房空間。廚房後方為家事空間，另外並設有連接曬衣場的樓梯，目的在於盡量縮短家事動線。

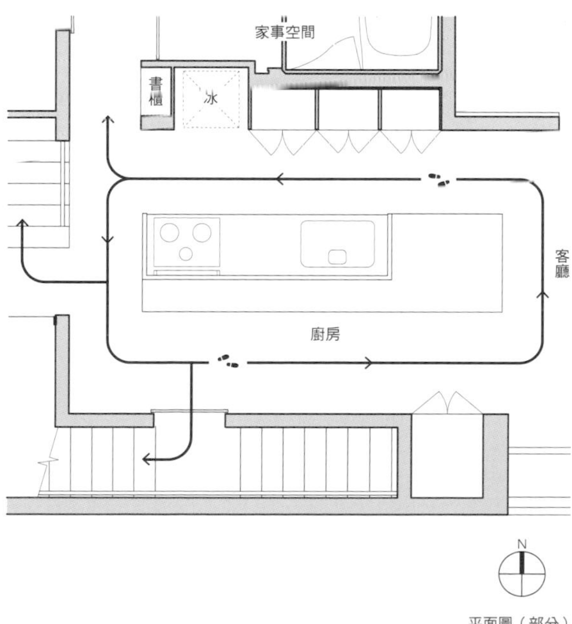

平面圖（部分）

和廚房以及整體設計都相當搭配的方形抽油煙機

古木材風格的地板

廚房的近景，壁櫥是採用和地板材類似的美耐皿材組裝而成。而為了營造出輪廓鮮明且樸實的氛圍，吧台桌收納、抽油煙機、人造大理石的檯面、皮革美耐皿磁磚都是統一採用黑色系商品。

09

規劃得宜的收納與古木材風格的家俱和地板全都是黑色系搭配

為實現屋主所提出的露台上要有植栽，以及能在做菜時看到待在客廳、餐廳的家人狀態需求，便以此為前提來決定廚房、餐廳、客廳的位置。再加上需要有大容量的收納空間，於是在後方設置大型收納櫃，盡可能讓家電都能順利收放進去。

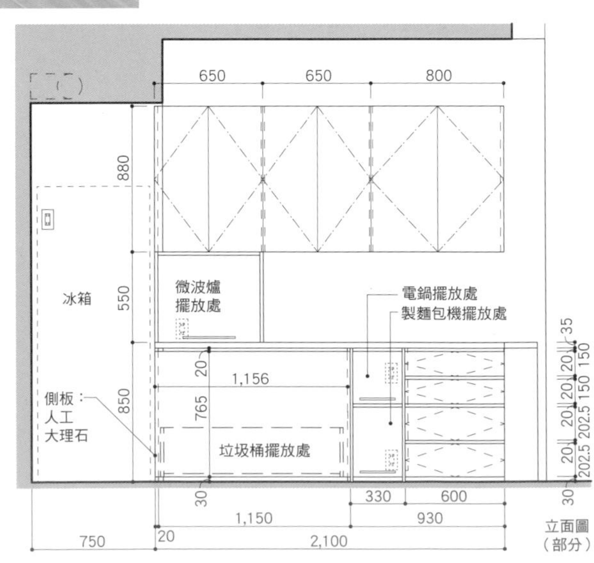

立面圖（部分）

POINT1

因為已經明確區分哪些是擺放家電，哪些是屬於隱藏收納家電，因此所有的收納空間都符合屋主全部家電（冰箱、微波爐、電鍋、製麵包機）的尺寸。

POINT2

各個收納空間內都設有插座，在收納的狀態下家電仍然可以使用。

10

設計簡單能展現漂浮感的中島式開放廚房

特別訂製的中島式開放廚房，檯面是採用厚度6㎜的髮絲紋不鏽鋼，以稍微向外凸出的方式裝設。並加大下方櫥櫃本身的架高橫木寬度，側面則選用銀色的美耐皿材。開放的中島式廚房由於收納空間不足，容易造成物品散落的雜亂情形，因此便再加裝後方吧台桌與壁櫥，還在旁邊設置食物儲藏室。

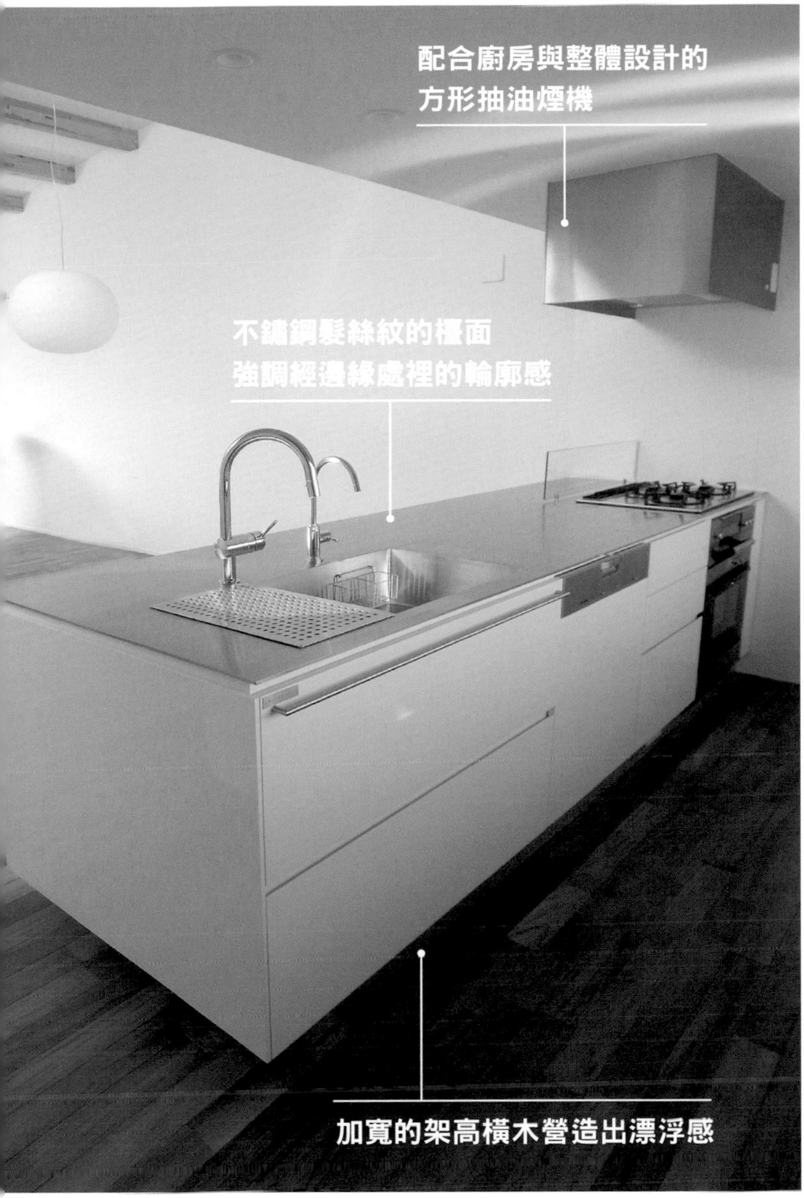

配合廚房與整體設計的
方形抽油煙機
不鏽鋼髮絲紋的檯面
強調經邊緣處裡的輪廓感
加寬的架高橫木營造出漂浮感

由於將廚房上方作為閣樓收納空間使用，因此天花板高度較低，但是和客廳、餐廳的天花板相比，能產生對比空間的變化感。

客廳、餐廳
（12.3坪）
廚房
（3.25坪）
食物儲藏室
陽台
N

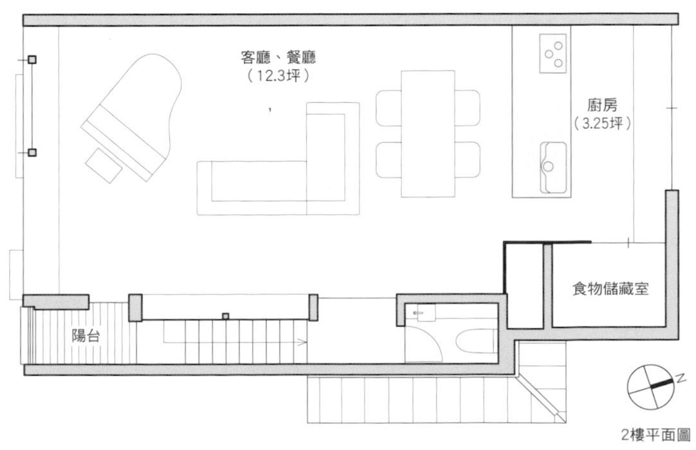

2樓平面圖

POINT1

LDK為無隔間的寬敞空間，所以從廚房內可以清楚看到樓層的所有空間。按照屋主需求將廚房設在寬敞LDK空間的附近，並採用中島形式，從檯面到下方的櫥櫃都是為了呈現出漂浮感的設計。

POINT2

在廚房後方吧台桌旁有大型窗戶，即便是從客廳朝廚房方向看，也因為廚房並沒有直立牆面，所以能直接眺望窗外風景。

呈現空間形狀排列的間接照明燈

在雙曲拋物面薄殼（hyperbolic paraboloid shell）的天花板下方，各個活動區域分散的LDK完整空間。從廚房可直接一覽所有的區域空間。

11

涵跨各個空間的無隔間ＬＤＫ

設計重點放在家人能夠歡聚的空間，以及找出每個人偏好的空間地點，提出符合各個空間理想活動方式的規劃方向。為了創造出能夠同時實現這兩個需求的家庭活動空間，考慮到各種因素，於是提出將各個空間分散配置的ＬＤＫ構想。像是「窗邊」和「靠窗位子」那樣各種獨具風格的活動場所，都集中分配在具備獨特形狀天花板下方的大空間內。而能夠眺望住家所有空間全景的廚房，則是可以欣賞到最豐富的室外風景。

POINT1

刻意規劃出作為2樓緣廊使用的「窗邊空間」，以及能夠靠窗坐下的「靠窗位子」，營造出風格迥異的不同空間。

POINT2

從廚房可看見整體呈現「レ」字型的地板。

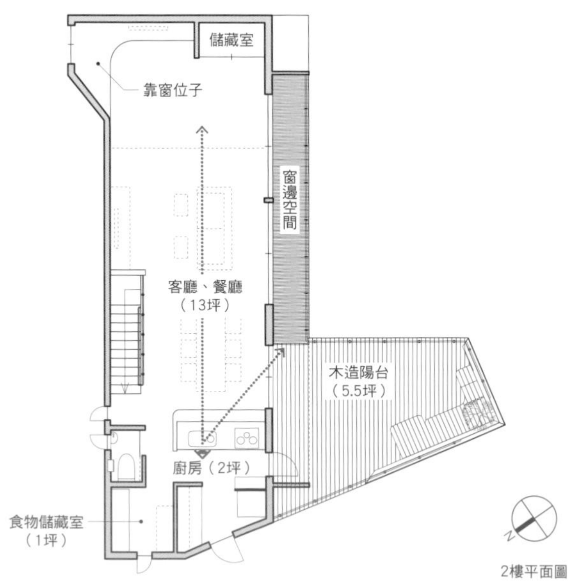

2樓平面圖

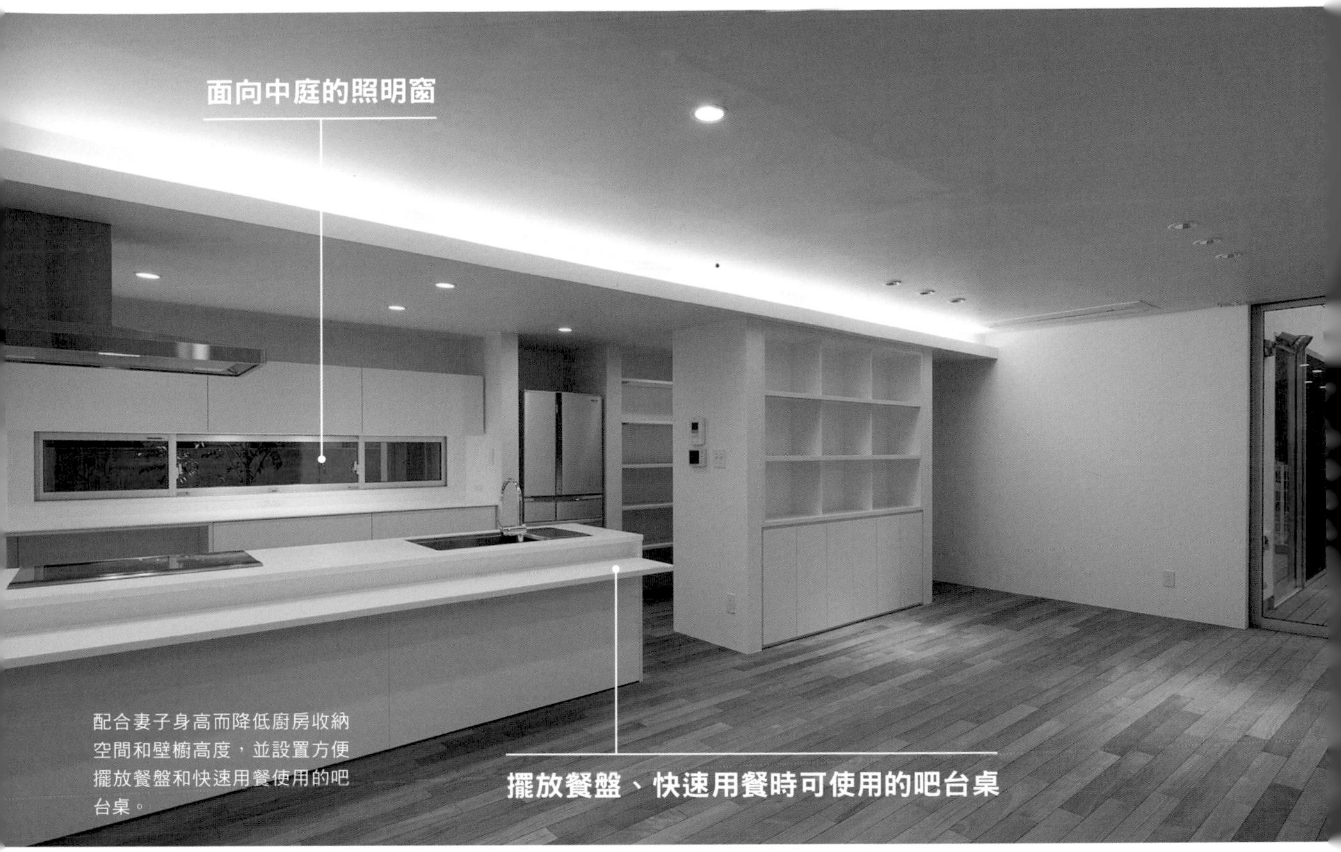

面向中庭的照明窗
配合妻子身高而降低廚房收納空間和壁櫥高度，並設置方便擺放餐盤和快速用餐使用的吧台桌。
擺放餐盤、快速用餐時可使用的吧台桌

12

做菜同時還能眺望風景，面對中庭的廚房空間

擁有中庭的細長型建築物，廚房則是在1樓中央的位置。廚房後方設有面對中庭的窗戶，能讓空間保持明亮且通風效果良好，打造出可以一邊眺望中庭景色，一邊做菜的舒適生活環境。另外也配合妻子的身高，將互動式廚房的收納空間和壁櫥的高度降低。為了提升擺放餐盤的流暢度，而在廚房前方設置吧台桌，不但方便使用還兼具設計感。

POINT

從廚房吧台桌後方的細長型窗戶能眺望中庭，還能提升客廳、餐廳的通風效果。

中庭
冰
廚房
吧台桌
客廳、餐廳
外廊
N

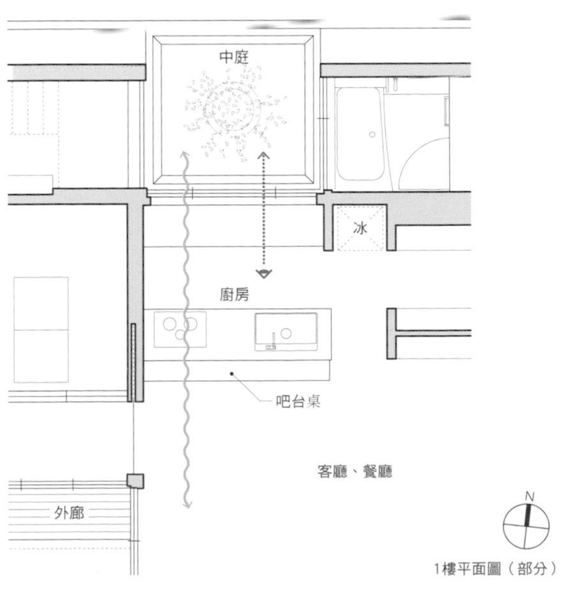

1樓平面圖（部分）

Chapter 4 乾淨舒適的用水空間

確保浴室通往露台的動線

浴室內所看到的臥室空間。玻璃隔間浴室和同樣鋪設白色磁磚的臥室一側相連，讓空間看起來變得寬敞。

可做為長椅使用

01 利用玻璃隔開臥室、室外露台和浴室，營造空間的開放感

特色是能夠從土地上眺望橫濱的景色，並善用此優點，決定以框架構造來作為骨架，利用圓柱形狀來支撐建築物，進而打造出沒有樑柱和牆面的空間。利用玻璃營造臥室與浴室之間的空間接續感，大型落地窗開口的格局規劃，則是能讓空間顯得更為開放。

POINT1

臥室和浴室以玻璃連接，因為設有玻璃隔間，而讓浴室空間更顯寬敞。並確實規劃浴室到室外露台的動線，可以到戶外享受黃昏的風吹涼爽時光。

POINT2

浴室內的收納是可以從浴室和走道兩側使用，方便收放洗衣機和換洗布製品等物品。並將臥室到浴室之間的動線盡量精簡化，打造出善用空間的收納和動線規劃。

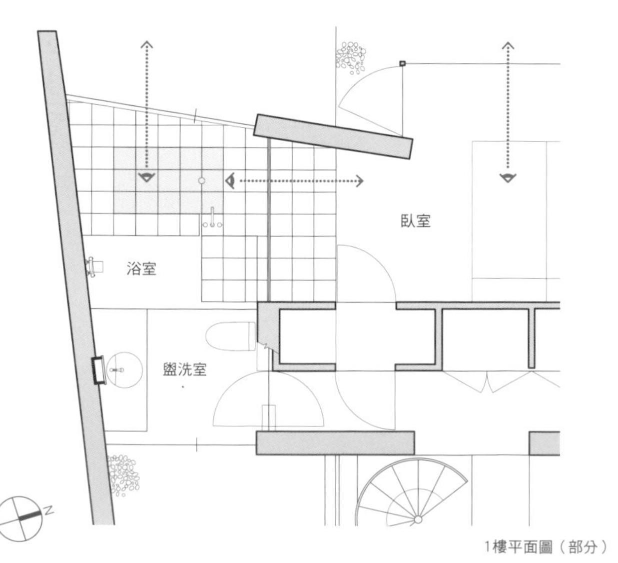

1樓平面圖（部分）

木製百葉窗

被周遭有裝設可移動式木製百葉窗的露台，包覆的浴室空間，從外部無法直接窺視住家內部狀態。

02

木製百葉窗包覆，與露台連接的一體化浴室

屋主因為愛好衝浪活動，所以希望從海邊回到家時，能直接進入浴室沖洗，於是便規劃出浴室和露台相連的一體化開放式浴室空間。並在露台周圍裝設可移動式的木製百葉窗，不但能促進採光和通風效果，還能遮蔽外部視線，保護住家隱私，打造出安全無虞的便利用水空間。

POINT1

規劃出能夠從庭院直接進入浴室的動線，在衝浪過後可以直接穿著溼透的衣服走進沖洗區空間。

POINT2

露台周圍設有木製百葉窗，可確保居家隱私不會曝光。沒有人在使用浴室時，可以將木製百葉窗打開，呈現出開放的空間狀態。並將露台地板加高約40cm，從浴室內可以感覺到視野變得更加廣闊。

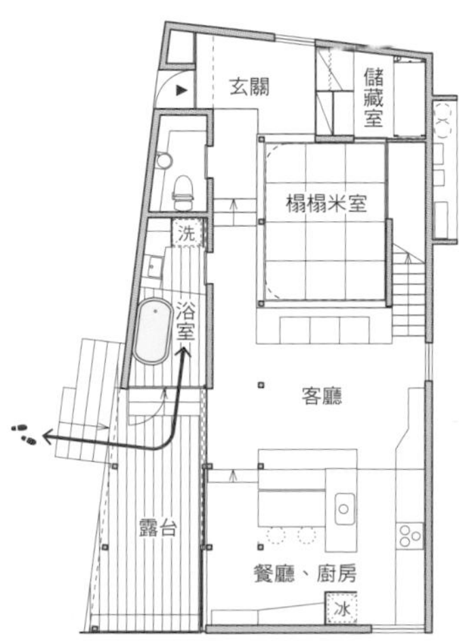

1樓平面圖

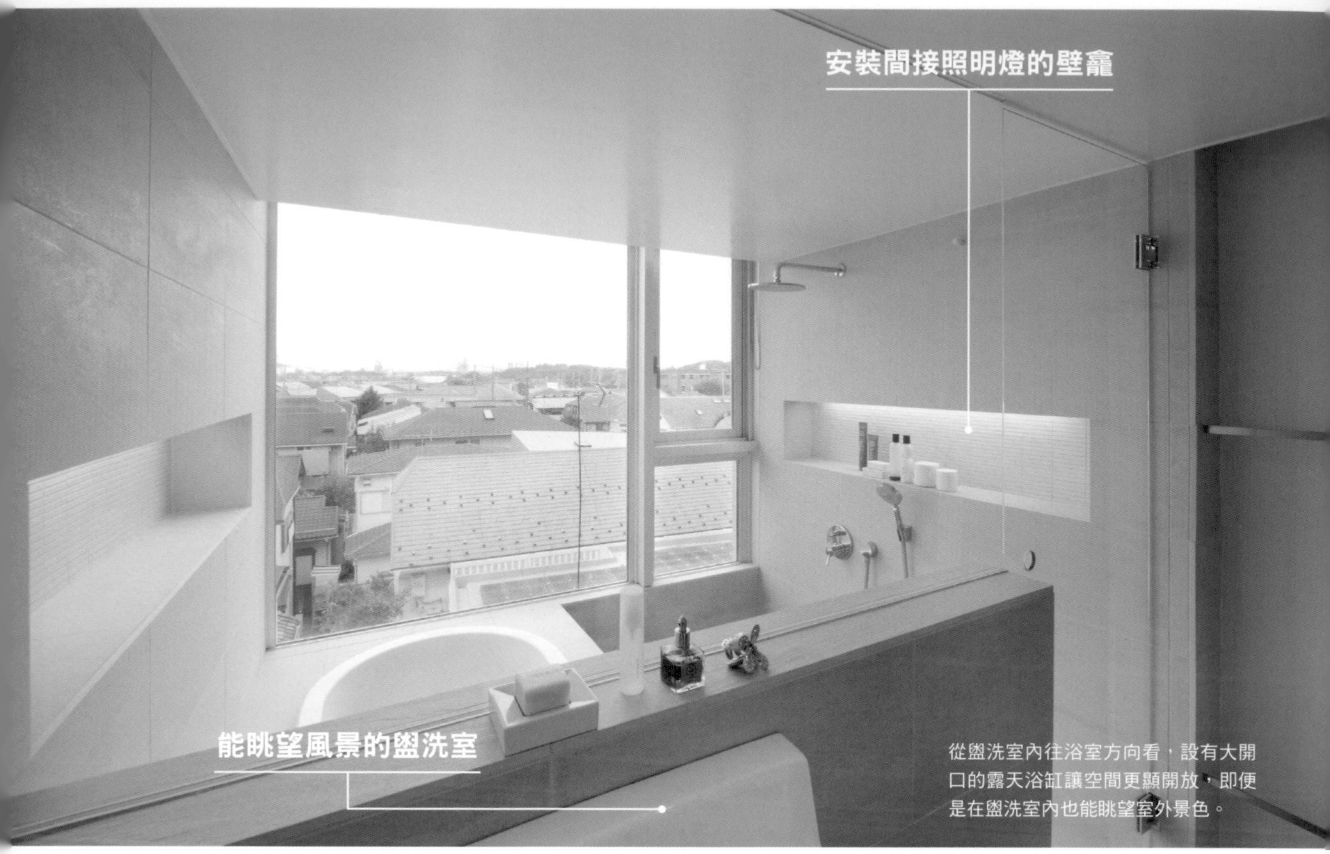

安裝間接照明燈的壁龕

能眺望風景的盥洗室

從盥洗室內往浴室方向看，設有大開口的露天浴缸讓空間更顯開放，即便是在盥洗室內也能眺望室外景色。

03
將浴室打造成空間開放的露天澡堂

需符合屋主所提出「希望能在家中享受露天泡澡氣氛」需求的合作式住宅浴室。在面向室外的外牆加裝大型窗戶，在泡澡時就能一覽外部的風景，營造出浴室空間的開放感。

POINT1

為了讓浴室空間保持寬敞，盡量讓盥洗室空間內的設施保持精簡。盥洗室和浴室之間以透明玻璃作為隔間，從盥洗室就能直接欣賞室外景色，採用相當開放的用水空間設計方式。

POINT2

浴室內的照明僅僅只有壁龕的間接照明燈光線。將照明燈與牆面一體化，這樣就能讓天花板看起來比較整齊，營造出更吸引人眺望的空間氣氛。

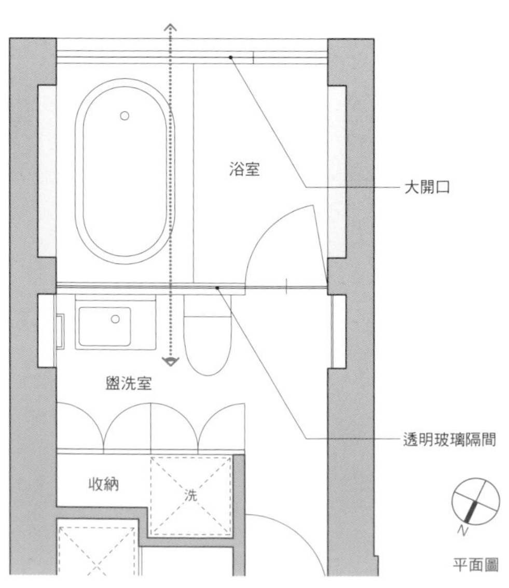

平面圖

04

利用玻璃打造住家中央的開放浴室空間

合作式住宅地下樓層的其中一位住戶，因為把活動空間當作是格局規劃的優先考慮要素，因此浴室就被分配到中央位置。沒有外牆的浴室因為光線昏暗很容易累積濕氣，為了促進通風效果，選擇在視覺上將其打造成開放式空間。

客廳、餐廳

以玻璃作為隔間的浴室

在容易顯得陰暗的集合式住宅浴室的室內設置玻璃窗，能讓空間變得明亮。洗澡時以窗簾隔開盥洗浴室和廚房空間。

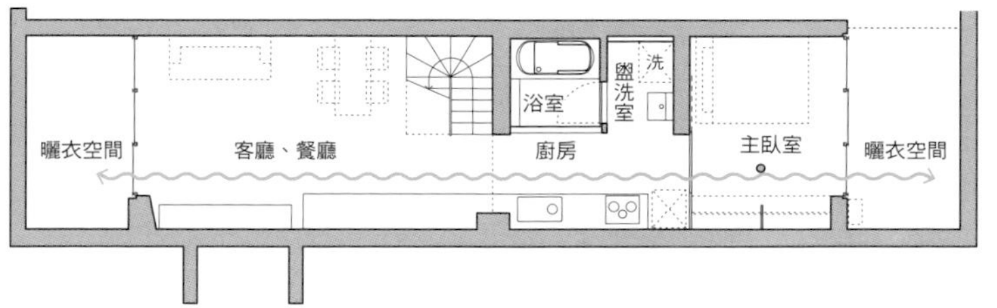

平面圖

POINT1

浴室是一天內只有一段時間會使用的區域，在這樣的情況下，沒有外窗的浴室空間容易顯得昏暗和累積大量濕氣。因此便採用在沒有使用的狀態下，也能保持開放通風狀態的設計。

POINT2

想辦法讓室內空間顯得更為寬敞，而選用活動空間面向晾衣空間的格局規劃方式。由於空間開放，可以補足缺點，再另外裝設使用浴室時方便區隔其他空間視線的設施。

05

浴室和盥洗室採用相同表面覆蓋材，打造出有接續性且開放的用水空間

在容易呈現昏暗狀態的用水空間，特別以玻璃作為隔間，設計出類似飯店風格的明亮空間。並讓浴室和盥洗室採用相同的地板磁磚和天花板素材，藉此營造空間的連續性，讓整個用水空間呈現一體化的狀態。

POINT1

因為將洗手台、浴室和廁所都規劃在同個空間內，讓整個用水空間顯得變大許多。再加上地板和天花板素材選用的一致性，讓空間變得更為寬敞。

POINT2

縮減牆面佔用面積，並裝設大型窗戶。由於住宅位於最高樓層，所以不必擔心外部視線，可以在這個空間內徹底放鬆。

盥洗室
浴室
N

6樓平面圖（部分）

06

L型的大型窗戶將寬廣的大自然風景帶入浴室空間內

善用不規則形狀土地，將浴室空間分配在最接近大海的位置。決定採用半系統式衛浴設備，盡量壓低花費，並設計出獨特的開口部位。利用密閉窗和轉角窗框確保眺望的最大視野，成為在設計上廣納土地周邊良好環境的用水空間。

密閉窗可確保最好的眺望視野

從浴缸眺望廣闊的大海景色，由轉角窗框和半系統式衛浴設備組合而成的浴室空間。

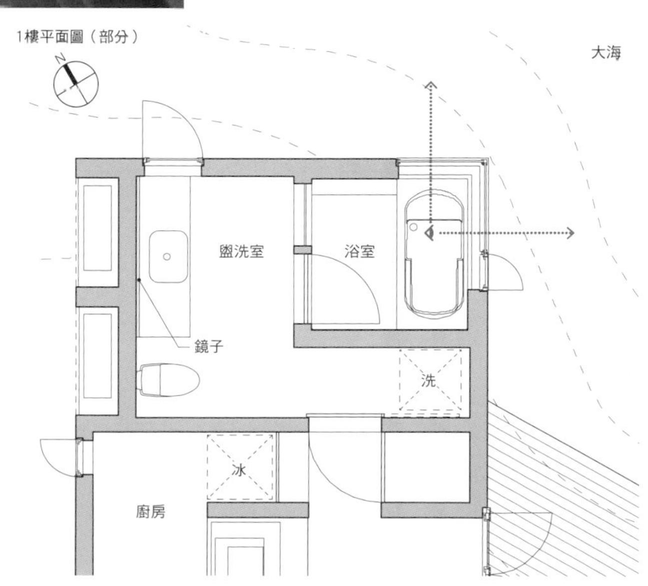

POINT1

在凸出直角部位採用具備密閉窗功能的窗框，規劃出最好的眺望視野範圍。並採用同時符合設計獨特性高，以及容易清掃兩項優點的半系統衛浴設備。

POINT2

為壓低裝潢費用，盡量不要設置開關門，於是便規劃出與廁所結合的盥洗室。就連從洗手台的鏡子也能看到大海景色，是在日常生活中隨時都能感受到海景環繞的設計。

07

閒置時可做為家事區使用的多用途廁所空間

由於地板面積僅有57㎡，所以盡量以開放且不會感覺空間狹小的方向來規劃。結果讓一般都是採用獨立空間設計的廁所也呈現開放狀態，為了在閒置時還能作為吧台桌使用，便善用空間設置了上掀式的吧台桌。

大容量的收納

上掀式的吧台桌

不使用馬桶時，大面積的吧台桌可作為家事作業台使用。還能將會使用到的物品收放至吧台桌旁邊的櫥櫃，相當有效率又方便。並在化妝鏡周圍設置木造框架，展現家俱裝潢風格。

POINT1

盥洗室和廁所是無隔間的寬敞空間。與其說是用水空間，更讓人感覺像是玄關門廳那樣開放式的空間。隔壁的浴室、洗衣機擺放處、收納空間則都是以相同材質的開關門遮蓋住，整體空間顯得整齊又俐落。

POINT2

一天內會使用到廁所的時間相當短暫，所以為了提升廁所在其他時間的使用效率，而設置了可以在閒置時間用來燙衣服、整理洗好衣物的上掀式吧台桌。

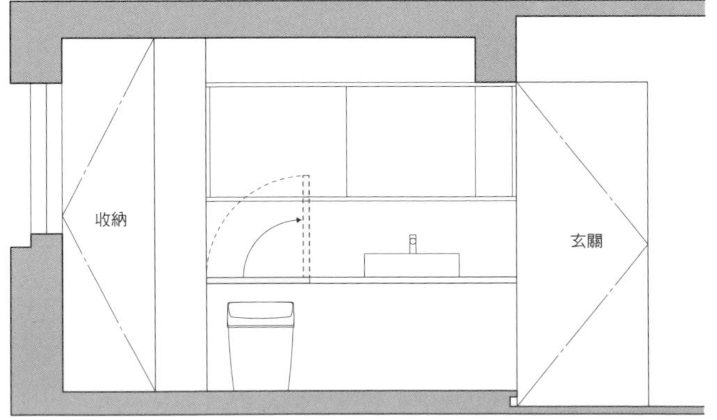

剖面圖（部分）

08 透過玻璃連接充滿綠意的露台空間，讓空間充滿休閒度假氣氛

位在住宅密集區的住宅，為了能在兼顧住家隱私的同時，又能享受開放式的泡澡氛圍，於是便在室外和室內的中間區域設置擺放盆栽綠色植物的露台空間。並在露台上的窗框裝設半透明的玻璃，能夠阻絕來自室外的視線。可以在欣賞窗外綠景的同時，還能放鬆泡澡的浴室空間設計。

擺放綠色植物的露台

光線能到達盥洗室的乳白色玻璃隔間

為了讓窗外綠景更為突出，浴室內統一採用單色系的磁磚。再加上安裝強調肌膚觸感的鑄造金屬浴缸，讓浴室空間更顯品味。

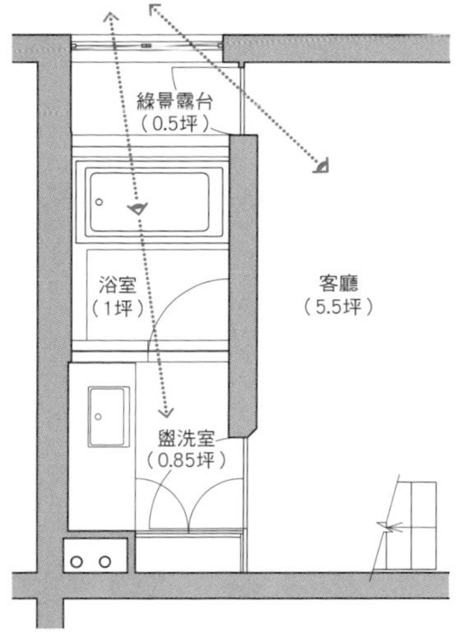

平面圖（部分）

POINT

因為將露台設在浴室隔壁，而讓浴室和盥洗室感覺比原來面積還要寬敞，營造出整個空間的開放式休閒風格。

09

利用落地窗提升與中庭空間一體感的飯店風格式用水空間

緊鄰中庭空間明亮，還能享受開放式露天泡澡氣氛的浴室設計。浴室和盥洗室看起來是相連的一體空間，浴室採用在來工法＊建造，也統一選用可防滑的地板磁磚，打造出媲美飯店裝潢的用水空間。

浴缸旁邊可眺望風景的窗戶

連接中庭的落地窗

中庭鋪設大量的白色石頭，並種植日本冷杉。營造出對外封閉但對內開放的中庭空間，同時兼具開放和保護隱私的雙重特色。

POINT1

在盥洗室的開口部設置落地窗，浴缸旁邊則是有到達腰部高度的大型窗戶。面向中庭的其他空間窗戶，是以不容易看到用水空間周邊環境為出發點，而來調整各個窗戶的方向、大小和所在位置。

POINT2

因為是位在中庭角落的空間，於是將用水空間規劃為簡單的橫向排列配置方式。不僅一一調整其他空間的開口方式，還將客房的窗戶設為較低的地窗，可適度阻擋視線。

＊：在來工法（ざいらいこうほう），又稱為木造軸組構法（もくぞうじくぐみこうほう），是一種木造建築的建築工法。由日本自古以來發達的傳統工法簡化、發展而成。

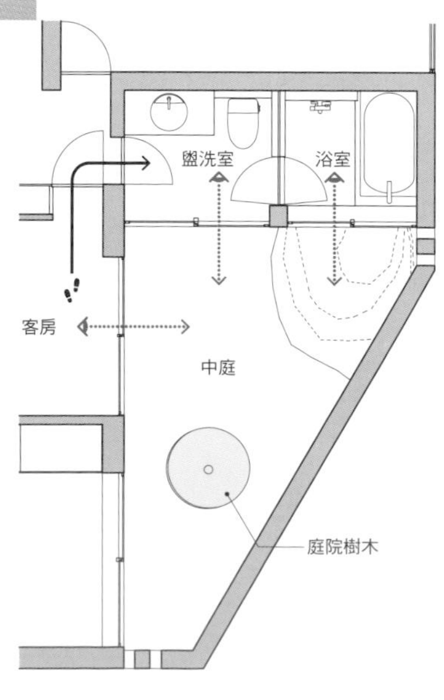

1樓平面圖（部分）

飄散日本扁柏香氣的牆面

採用半系統衛浴設備，所以從上到下都是以日本扁柏木材打造而成。並藉由玻璃隔間和鏡面設計來提升空間的寬敞度。

使用相同素材強調空間的連貫性

10

飄散日本扁柏木材香氣，採用隔間和鏡面設計而更顯寬敞的浴室空間

按照屋主所提出「希望浴室能瀰漫木頭香氣」的需求所打造出的浴室空間。2樓的浴室牆面因為採用日本扁柏木材搭建，而決定採用半系統衛浴設備。間接照明燈能突顯出斜面天花板的設計美感，浴室和盥洗室牆上裝設鏡面則是為了強調空間的寬敞度與連貫性。

POINT1

由於半系統衛浴設備的設計相當自由，因而採用玻璃隔間，再加上牆面都是日本扁柏材質，能藉此突顯空間的接續性，營造出感覺與隔壁盥洗室之間空間寬敞度的浴室。面向北側的窗戶則是能讓室內充滿柔和光線。

POINT2

浴室南側的牆上鏡面設計，以及洗手台化妝鏡的兩面鏡子都能營造出空間的寬敞度。顯眼的白色系地板和洗手台則是展現空間設計的一致感。

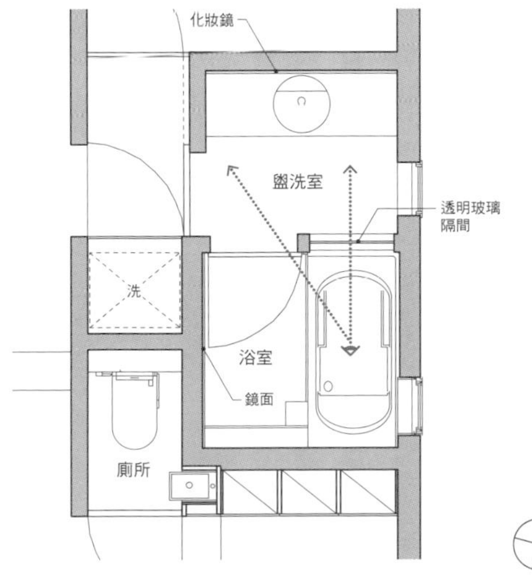

2樓平面圖（部分）

與牆面採用相同素材的小窗

打開窗就成為3面鏡

左：從盥洗室往客廳方向看，透過小窗可越過客廳看到室外景色。右：從客廳往盥洗室方向看，小窗關上就與牆面成為一體空間。

11

連接LDK和盥洗室的小窗 既通風又能眺望風景

此案例為公寓住宅的翻修設計。由於一般的公寓盥洗室都不太會裝設對外窗口，所以空間會顯得昏暗閉塞，容易導致濕氣累積。於是便決定在盥洗室和客廳之間設置小窗，這樣盥洗室就不會感覺潮濕，還可以越過客廳眺望室外景色。

POINT1

因為在盥洗室設置了與LDK連接的小窗，而打造出這個不會累積濕氣的用水空間。從客廳猛然一看不會發現有小窗的存在，並刻意和牆面採用相同素材，關上窗後就和牆面合而為一。

POINT2

從走道和固定式衣櫥都能到達的盥洗室空間，並盡量精簡家事動線來提升便利度。從盥洗室還能直接拿取固定式衣櫃內，洗衣機上方置物架的毛巾等用品。

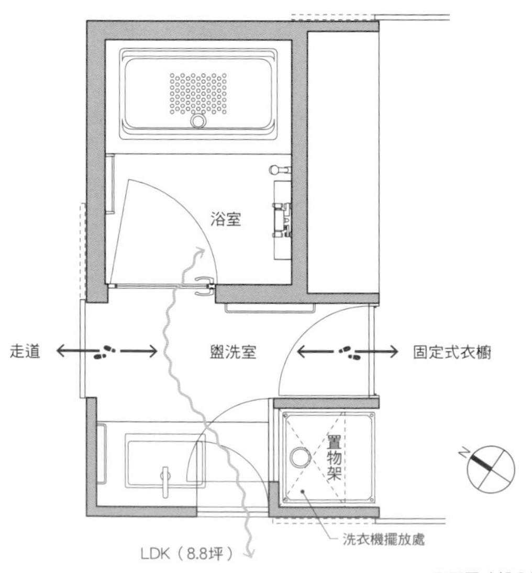

平面圖（部分）

12 盡量減少木造設施，方便使用的盥洗室空間

因為要減少盥洗室空間內的木造設施，而在吧台桌鋪設木製磁磚，下方則是採取開放式的設計。並在下方裝設捲簾，能完全遮蓋內部。不設置壁櫥，而是裝設置物架，再利用購買來的竹籃來收放物品，不但方便使用，還能降低花費。

以竹籃作為收納之用

可遮蓋收納物品的捲簾

吧台桌和牆面都統一使用白色的馬賽克磁磚，展現出一部分的木頭素材感，打造出既整齊又溫暖的盥洗室空間。

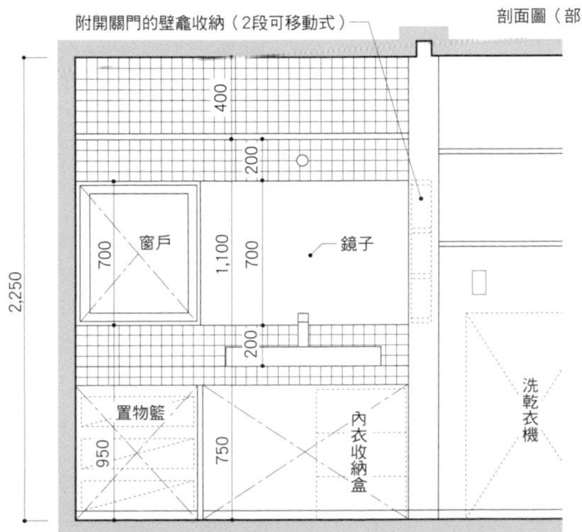

POINT1

正面牆和吧台桌採用相同的磁磚，追求空間設計的一致感。並將窗戶、鏡子和壁龕收納設為相同的高度，讓整個空間的設計顯得俐落許多。與鏡子相同高度的窗戶還能欣賞到庭院的綠意風景。

POINT2

吧台桌下方為開放式設計，部分空間可用來擺放置物籃作為收納用途。剩餘空間則是拿來放置內衣收納盒，可自由分配收納擺設方式。

13

漂浮感設計打造出小空間 但設備齊全的小巧盥洗室空間

只能以最小空間規劃出小巧俐落且有品味的設計，因此大膽地將洗手台的兩側、下方分別與牆面和地板分開。又因為此空間與和臥室連接的固定式衣櫥相連，所以採用精簡的收納設計。鏡面收納則同樣和洗手台和同一面牆以及天花板分開，並裝設間接照明燈，設計出具備漂浮感的盥洗室空間。

和兩側牆面分開營造漂浮感

下方懸空的洗手台給人設備輕盈的印象

正面鋪設有類似金屬的礦物磁磚。毛巾掛桿則是採用純不鏽鋼材質，並搭配上細部的高檔裝飾來營造空間的高級感。

POINT1

可直接從走道和經由主臥室的固定式衣櫥前往盥洗室空間，因此盥洗室就不需要獨立式的收納區。固定式衣櫥可同時讓盥洗室和臥室作為收納用途，所以能將盥洗室空間縮減至最小面積。

POINT2

由於臥室和盥洗室之間有固定式衣櫥做間隔，即便是早上很匆忙的準備工作，也能以流暢的動線來進行。

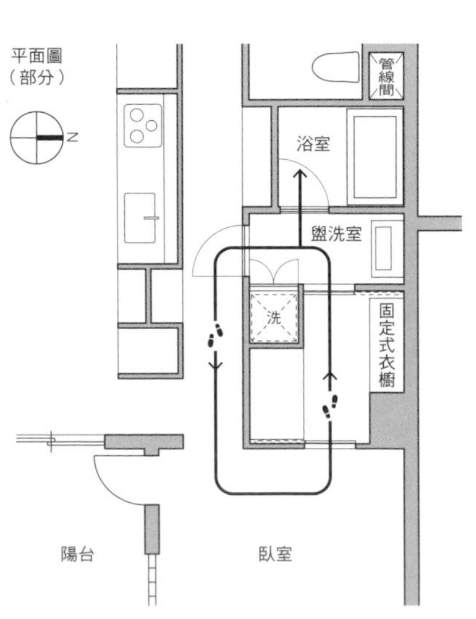

14 利用面向小庭院的窗戶以及玻璃區塊來提升採光效果與空間寬敞度

浴室和盥洗室以玻璃作為隔間，提升空間的一體感。外牆上的窗戶則是以泡澡時能看到小庭院景色的位置來設定高度。夜晚室外燈光能照射到玻璃區塊，讓浴室保持明亮，營造放鬆身心的氛圍。在規劃上經常會以浴室和盥洗室的機能為優先考量，但是作為能舒緩一天疲憊的療癒空間，還是必須呈現出讓人紓解壓力且放鬆心情的設計概念。

可眺望小庭院風景的窗戶

獲得良好採光的玻璃區塊

玻璃隔間開關門，能有效拓展盥洗室和浴室空間

為了方便一次打掃，盥洗室和浴室都採用相同的覆蓋材，呈現出考慮到生活方式的一體化空間設計。

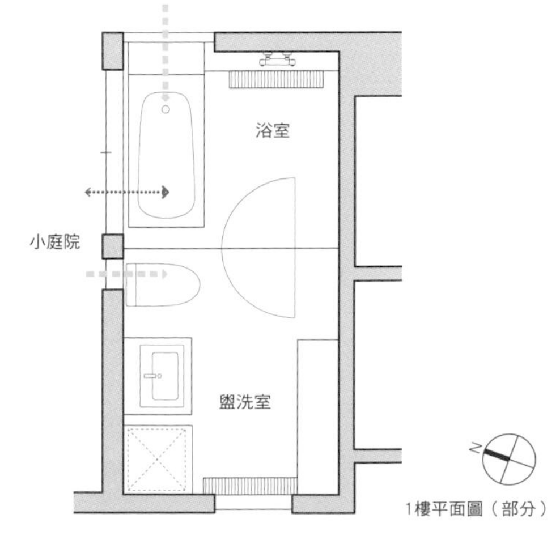

1樓平面圖（部分）

POINT1

要在有限空間內營造出寬敞感，決定不隔開浴室和盥洗室空間，而是利用玻璃作為隔間，展現視覺上的一體設計感。窗戶是設定為在泡澡時能剛好欣賞到小庭院景色的高度。

POINT2

採用相同覆蓋材讓盥洗室和浴室方便同時進行清掃。

15

一直線配置廚房、盥洗室、浴室空間，精簡的動線規劃提升家事流暢度

採取廚房、盥洗室和浴室的一直線空間配置，進而規劃出精簡的家事動線。另外位在地下樓層的用水空間，也必須裝設避免濕氣累積的設施。懸吊照明燈則是能為裝潢加分，以簡單的設計打造出俐落且明亮的盥洗室空間。

下垂式的懸吊照明燈為空間裝潢加分

視覺上呈現漂浮感的收納設計

統一採用白色系的水泥牆面和洗手台。圓形的懸吊照明燈則是能為空間帶來更豐富的變化感。

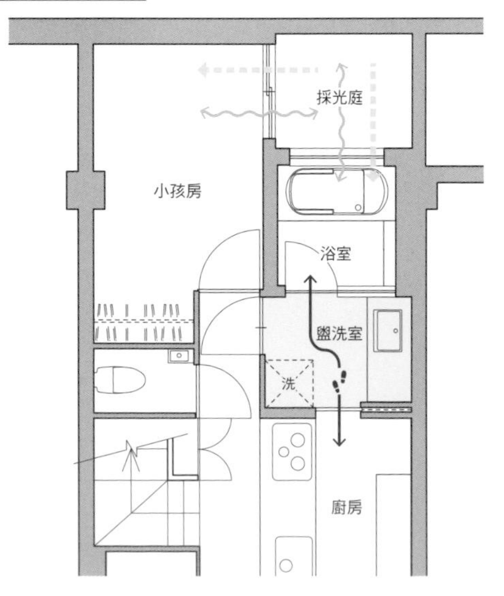

平面圖（部分）

POINT1

為提升採光庭效率，而在浴室和盥洗室設置腰壁高度的玻璃隔間。雖然是屬於地下樓層住宅，但還是可以透過規劃和設計來確保盥洗室空間內的採光與通風效果。

POINT2

浴室、盥洗室、廚房空間的一直線排列，並在往來路線上裝設開關門，進而規劃出精簡的家事動線，並同時符合能直接從走道進入盥洗室的動線，以及不會和家事動線相互衝突的兩項要件。

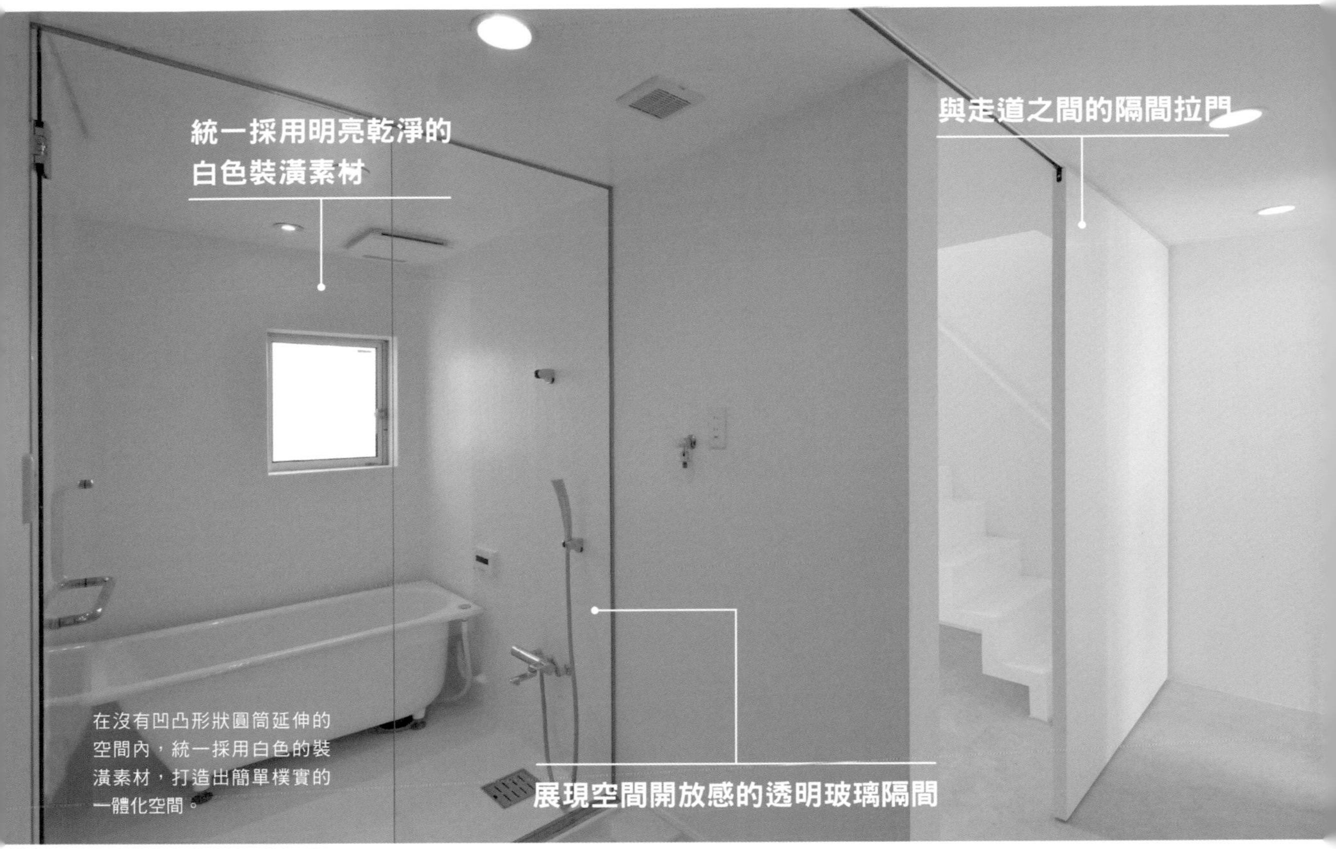

統一採用明亮乾淨的
白色裝潢素材
與走道之間的隔間拉門
在沒有凹凸形狀圓筒延伸的
空間內，統一採用白色的裝
潢素材，打造出簡單樸實的
一體化空間。
展現空間開放感的透明玻璃隔間

16

利用玻璃隔間和大型大門營造與走道連接的空間開放感

連1坪都不到，僅僅只有2.5㎡的浴室空間。而決定在更衣室之間設置玻璃隔間，提升空間的開放感，內外裝潢也都統一使用白色系素材，讓浴室看起來既明亮又整潔。若將更衣室開關門推向土間，那麼土間就能變身為多用途的獨立式空間。

POINT1

在使用浴室時有大型拉門能隔開走道空間，確保個人隱私。而將這道門往土間方向推，就能隔開走道和土間，也多了一個可使用空間。

POINT2

浴室和盥洗室設有透明玻璃隔間，讓視線能直接穿透，營造出空間的深度。再加上能直接以肉眼看穿，也能提醒自己何時需要清掃，有助於維持乾淨整潔的用水空間。

土間
密閉玻璃
浴室
更衣室
走道
玻璃門
拉門
N

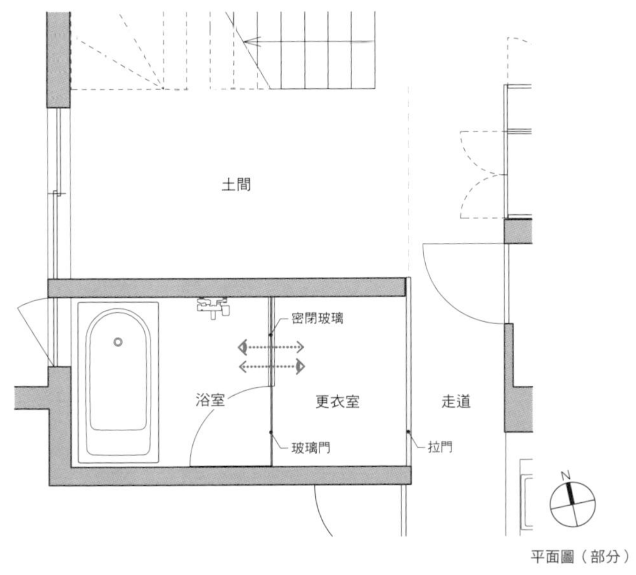

平面圖（部分）

17

在寬敞的廁所內設置陳設區，成為被收藏物包圍的幸福空間

只注重廁所的單一功能性，會造成寬敞空間的浪費。所以在這樣的情況下，還是可以同時讓其他多餘空間搖身一變成為更為舒適的住家環境。此案例就是將「裝潢住家時最重要的部分，就是如何規劃出舒適的住家空間」的理念化為實際的設計。

擺放收藏物品的書架

屋主的收藏物陳設區。即便是廁所空間，但還是帶有車庫的氛圍。

POINT1

這間廁所是屋主的物品收藏室，對屋主來說是極具療癒感的空間。由於收藏品的數量不斷增加，為了能視狀況隨時增加DIY置物架，便事先在牆面內設置基底材，充分做好事前準備措施。

POINT2

由於施行了雨水和汙水分離的排水系統政策，而讓清潔的廁所環境成為能放鬆身心的空間。因為廁所是屋主的嗜好收藏空間，所以在規劃時會確保空間有足夠的寬敞度。

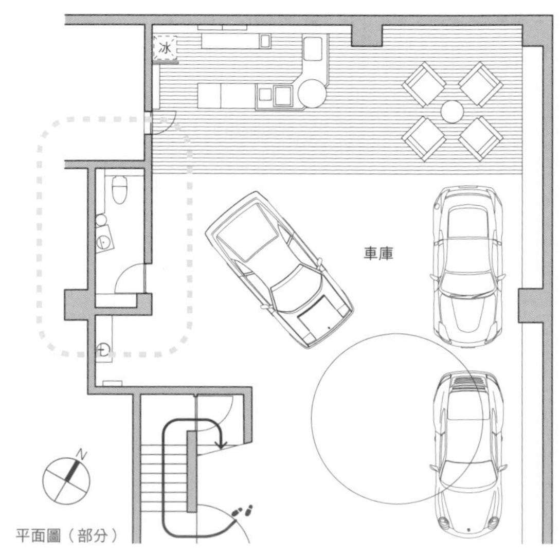

平面圖（部分）

18

無法裝設窗戶的用水空間，設計上強調清潔感和明亮度

住家中央沒有窗戶的盥洗室空間，首要缺點是視線前方的昏暗狀態，還會造成空間的封閉感。所以才需要在住家底端的空間設置透光的百葉窗天花板，以及亮色系的表面覆蓋材，規劃出能舒緩生活壓力的用水空間。

透光的百葉窗天花板

白色的覆蓋材強調光線的明亮度

盥洗室上方有裝設大窗，並在天花板全面設置鋁製百葉窗，藉此突顯光線的明亮度。

POINT1

和臥室、固定式衣櫥連接的盥洗室。為了避免空間產生封閉感，而裝設天窗讓整個空間保持明亮，也連帶使得臥室空間也有充足的光線照射。

POINT2

天窗和鋁製百葉窗天花板之間以圓錐物連接，讓天花板整體都能有光線的照射。雖然面積不大，但還是有助於改善空間內的昏暗程度，並突顯空間的清潔感。

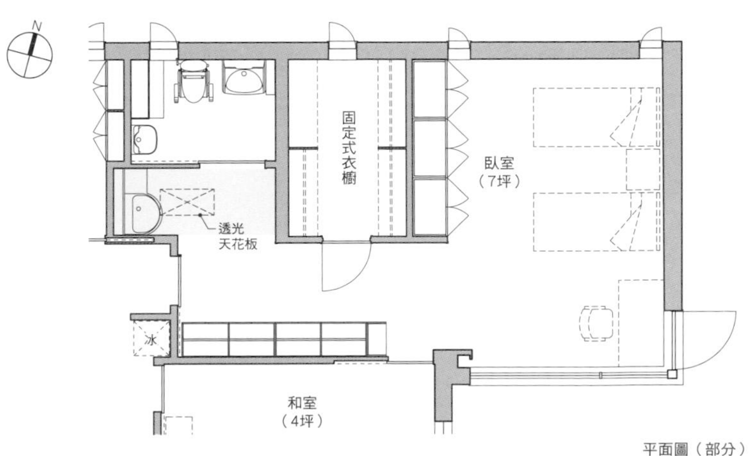

平面圖（部分）

19

以間接照明燈和陶瓷磁磚腰壁設計 來提升小空間廁所的廣度

為了有效利用空間，便將馬桶後方的管線空間縮減至最小程度，並安裝間接照明燈和設置收納空間。再加上與腰壁相同高度的收納區，以及間接照明燈反射至腰壁上陶瓷磁磚的陰影，都讓這個小巧的空間感覺變得寬敞許多。

縫隙長條狀的間接照明燈

設置小空間的收納

採用無水箱的水壓式馬桶，鋪設陶瓷磁磚的腰壁和馬桶後方收納空間高度一致，可有效降低空間的壓迫感。

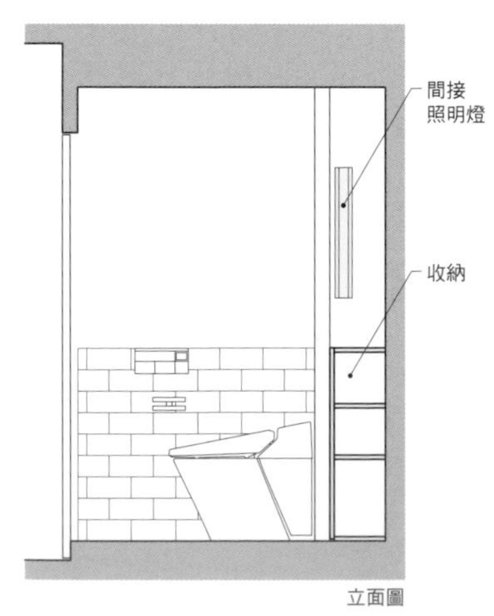

立面圖

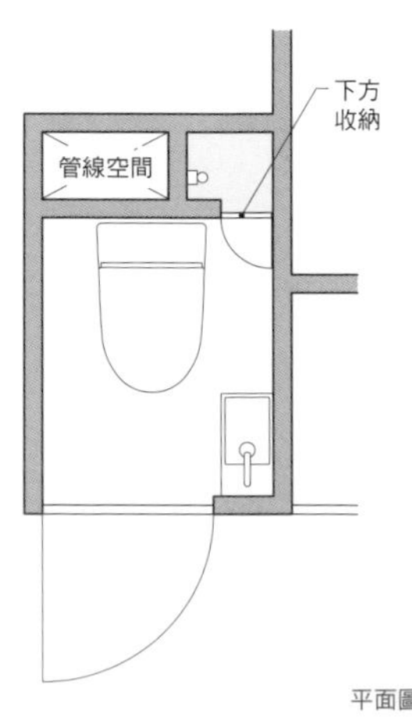

平面圖

POINT1

盡量縮減遮蓋間接照明燈的小牆面積，間接照明燈則是要有大開口。這樣光線就能投射環繞至整個空間，視覺上顯得更為寬敞。

POINT2

廁所的表面覆蓋材和LDK採用相同的瓷磚與木材，藉此營造出住家空間的一體感。

20

不必在意周圍視線，泡澡時還能欣賞陽台風景的浴室

泡澡空間、浴室和化妝室一體化的用水空間。不必在意周圍的視線，空間寬敞且環境舒適，浴室旁邊還設有能作為晾衣空間使用的陽台，能提升整個家事動線的效率。

浴室旁邊有不必在意周圍視線的晾衣空間

採用不容易讓腳底感覺冰冷的浴室專用磁磚

可以保護住家隱私的浴室旁陽台，還能接收自然光的開放式浴室空間，到了夜晚則成為頂級的療癒空間。

POINT1

浴室旁的陽台，白天可作為晾衣空間使用，而為了要保護住家隱私，還設置了木製百葉窗。木製百葉窗也有助於將自然光反射進入浴室，能夠讓空間保持明亮。

POINT2

因為用水空間的地板都是以平面方式連接，進而規劃出洗衣機到晾衣空間的流暢家事動線。

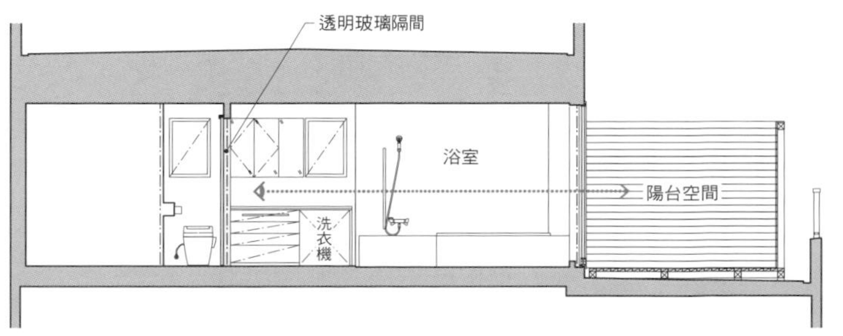

剖面圖（部分）

Chapter 5 將大自然景觀納入住家周圍

收放至牆壁內的開關門

餐廳、廚房內所看到的露台。只要將開關門收放至牆壁內，室內和露台就能完全連接成為一體空間。

01

露台的牆面收納門連接室內和室外空間

與餐廳、廚房空間連接的露台。室內延伸出去的露台空間上方有屋頂覆蓋，下雨天也可以開窗，完全不會被淋濕，而且還具備有遮蔽夏天強烈光線的作用。無論是哪個季節都能夠呈現開放的狀態，是一整年都能感受到環境綠意清幽的場所。

POINT1

從餐廳內可越過寬敞的露台空間，欣賞到綠意盎然的庭院風景。打造出隨時都能感覺有綠色植物環繞的場所，將開關門收進牆壁內，整個空間就完全沒有遮蔽物，可直接與室外連接。

POINT2

由於寬敞的露台空間上方有設置屋頂，所以不管雨勢大小都還是能夠走出來。夏天時可阻擋陽光，冬天則是有助於讓整個露台保持明亮，是個四季都能夠讓人保持好心情的住家空間。

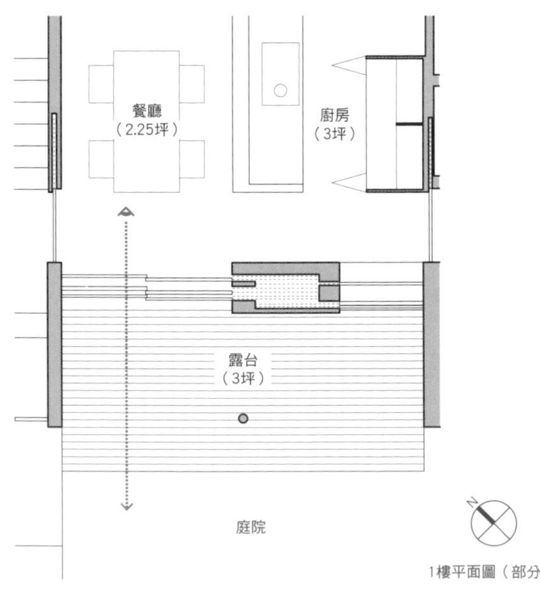

1樓平面圖（部分）

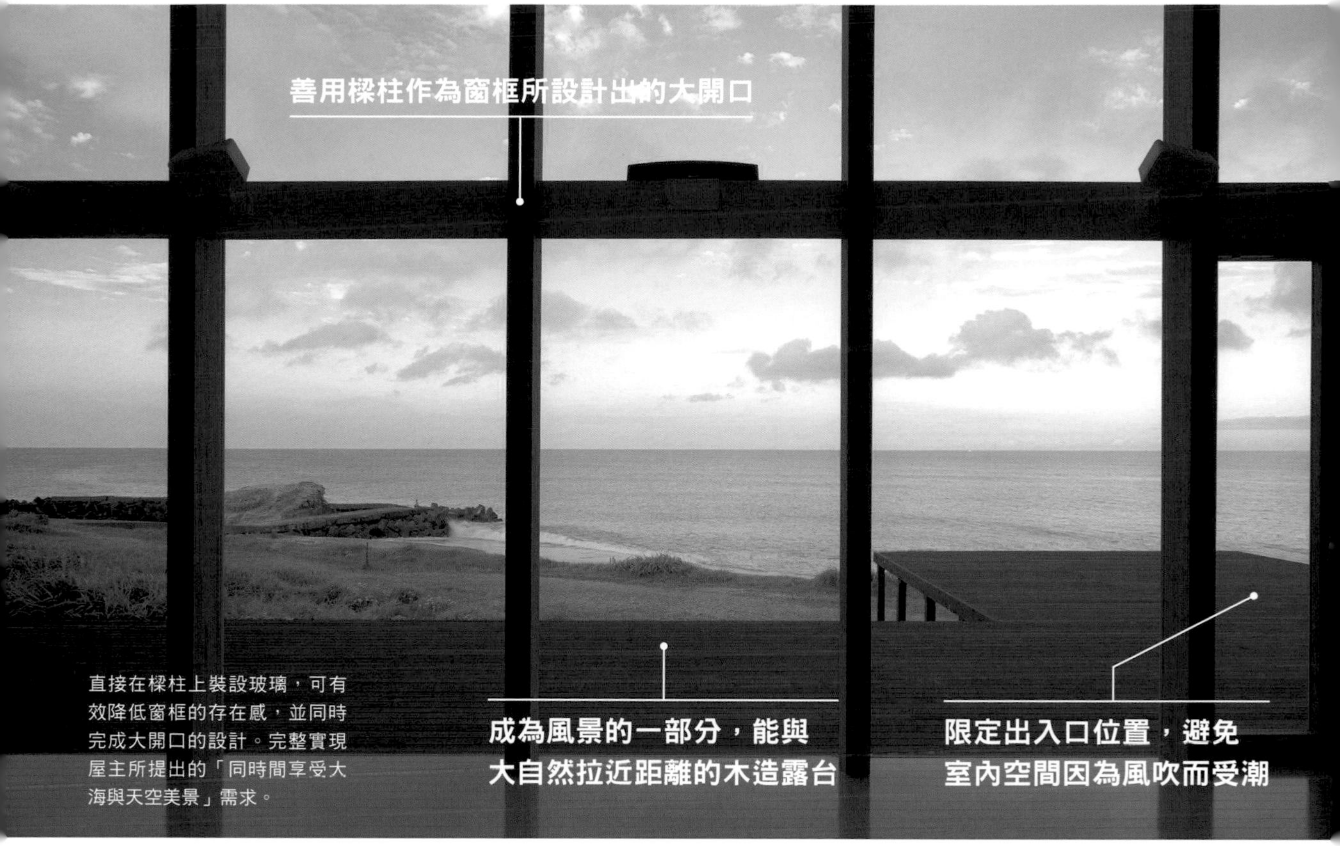

善用樑柱作為窗框所設計出的大開口
直接在樑柱上裝設玻璃，可有效降低窗框的存在感，並同時完成大開口的設計。完整實現屋主所提出的「同時間享受大海與天空美景」需求。
成為風景的一部分，能與大自然拉近距離的木造露台
限定出入口位置，避免室內空間因為風吹而受潮

02

將大自然風景納入住家視野範圍的大開口設計

透過將住宅樑柱作為窗框使用的構想，就能簡單設計出天花板高度的大開口。建築物內的木框和露台都成為風景的一部分，企圖營造出天空和大海近在咫尺的視覺感受。

POINT1

位在土地東側且面向大海，外觀呈現「く」字型的無隔間住家。這樣的格局規劃不但能讓室內空間擁有最完整的大海和天空景觀視野範圍，還能隨著時間感受到光線的變化。

POINT2

木造露台讓住家環境更靠近大自然風景。「く」字型的建築物還具備屏風的效果，以彎曲方式包覆露台空間。

大海
浴室
盥洗室
露台
廚房
休閒室（2樓下方）
休閒室（挑高部位）
榻榻米室
玄關
門廊
停車空間
N

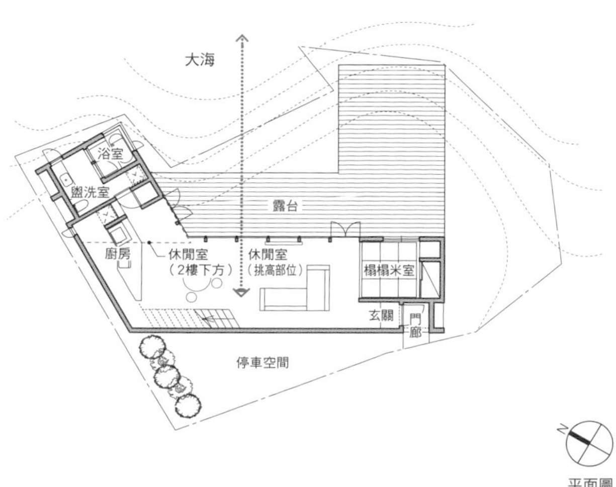

平面圖

03

以中庭的水池和綠色景觀呈現休閒風格

有豐富綠景與水池互相搭配的中庭，是以「休閒度假風」為目標來設計。兩旁的牆面設有可內收的大型木製窗框門，面向中庭能作為客廳的大開口使用，不論是哪個季節或是氣候好壞，都能透過這樣的設計來營造讓人感覺放鬆的度假氛圍。

手動開關式的遮光簾

水聲和水面的晃動感展現休閒風

越過水池所看到的中庭景觀。窗框為全開口式的木框門，外側則設有木架涼亭和可開關式的遮光簾。

POINT1

被建築物和水泥圍牆所包覆的私人中庭室外空間。由於屋主一開始就提出「有渡假感的住家環境」的需求，因此便規劃出鮮豔的綠景再搭配上水池的中庭式住宅。

POINT2

水池內的石英材質石頭，不只是能連接門廊和中庭，還能增加視覺上的點綴感。其他像是木架涼亭和遮光簾則是選用能營造休憩感又實用的物品。

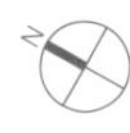

1樓平面圖

能感受季節變化的落葉樹

在中庭種植屬於落葉樹的大柄冬青樹，夏天樹葉可有效遮蔽太陽光，冬天樹葉落下後，還能幫助光線傳遞至室內。

04

仿照京都傳統店家住宅，在室內設置能欣賞自然景觀的小庭院空間

屬於都市型土地壞境住宅，為了提升住家的採光和通風效果，因而仿效京都傳統住宅規劃出室內的小庭院空間。由於在小庭院內種植落葉樹，所以能隨著季節變化感受大自然的變遷現象。夏天樹葉繁盛可遮蔽強烈太陽光，冬天則是因為落葉狀態而有助於光線傳遞至室內。

POINT1

在住家內種植落葉樹，夏天可幫忙遮蔽強烈光線，冬天落葉狀態則是有助於室內光線傳遞，是能夠感受四季變化的小庭院空間。

POINT2

為了讓和室可欣賞到完整的中庭綠景，而設置通風性佳的木製百葉窗。不但能增加通風性，又能適度遮蔽外部視線。

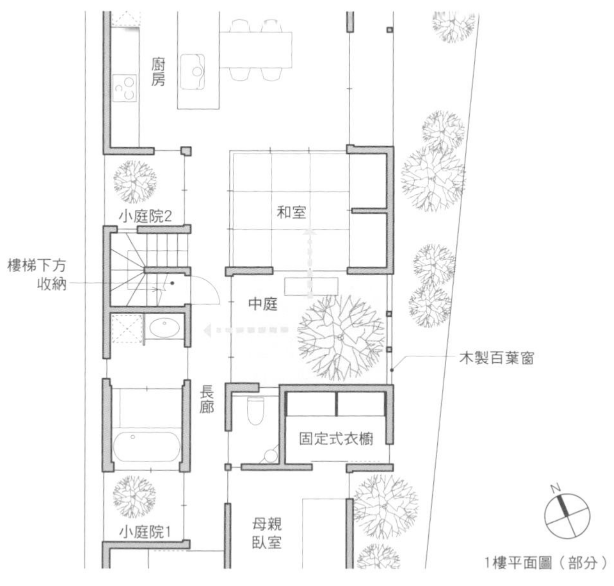

從半地下位置的客房內所看到的生態空間。這裡的樹木到了夜晚在燈光的襯托下，會感覺整體空間變得寬敞許多。

05

透過利用雨水存活的生態空間與小庭院將涼風帶進室內

面向客房的半地下式小庭院空間，並利用雨水來設置小型的生態空間。夏天時會將面對生態空間的窗戶打開，讓涼風能進到室內，打造出盡量不使用空調的舒適室內環境。

POINT1

在小庭院內設置利用雨水而設置的生態空間，到了夏天能產生舒服的涼風。尤其是位在半地下位置的客房能夠有大量的涼風進入，成為涼爽舒適的空間。

POINT2

在從玄關上2樓的動線上設置生態空間，是即便待在室內也能隨時感受到水流和綠意的格局規劃方式。

玄關門廊
玄關土間
生態空間
水池
固定式衣櫥
陶藝教室（3坪）
客房（5坪）
N

平面圖

讓室內空間更顯寬敞的中庭

房間旁的走道所看見的露台。LDK和房間是藉由露台空間連接的迴游式設計，在規劃上則是也有考慮到動線的流暢度。

06 周圍有建築物包覆的口字型私人中庭空間

周圍都是1層樓建築，是能夠擁有有完整中庭私人室外空間的住宅。與室內空間相連的中庭即使不是屬於室內空間，但還是能以部分室內空間的身份展現出空間的寬敞感。

POINT1

由於中庭與廚房相連，天氣好的時候，不論白天還是夜晚都能作為餐廳空間使用。中庭空間的存在能確保順暢的家事動線，更加深此空間在日常生活中的重要性。

POINT2

解決了中庭與其他空間的地板高低差問題，以此方式增加室內與室外的空間一體感。中庭空間即便是在沒有使用的狀態下，還是能有助於室內空間的寬敞度提升。

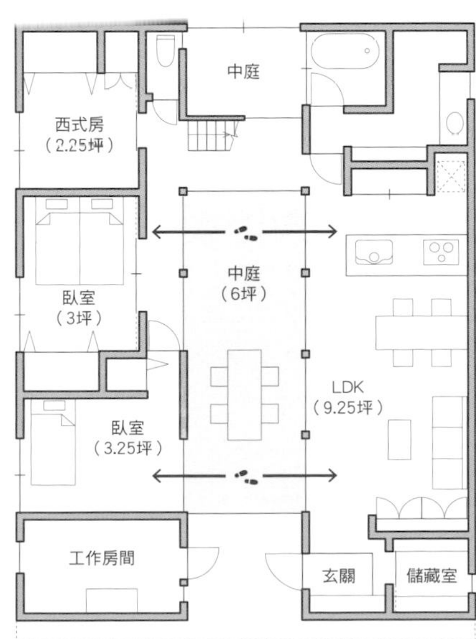

1樓平面圖

07

住家正面有具備採光和通風效果，又能保障居家隱私的木製圍牆

玄關走廊的大門與住宅外牆採用相同材質，能有效拓寬正前方的中庭景色，讓空間和玄關產生接續感。木製百葉窗形狀的木製圍牆，不但能保護中庭和1樓房間的隱私，還能促進採光和通風，提升整體空間的居住性。

有空隙的百葉窗形式木製圍牆

展現玄關走廊和住家外牆材質的一致性，並塗上還是能看到木紋的黑漆，打造出典雅肅穆風格的住宅門面。

POINT1

住宅內有被周圍建築物和木製百葉窗包覆的中庭空間，採光和通風性佳，外觀採取若隱若現的設計，可保護住家隱私。住家內的所有空間也都能感受到光線的照射。

POINT2

臥室和房間1～3都是為了收納而規劃的隔間，採用之後可合併為一個大空間的可變動格局規劃方式。讓包圍著中庭的各個空間都能獲得良好的採光和通風效果。

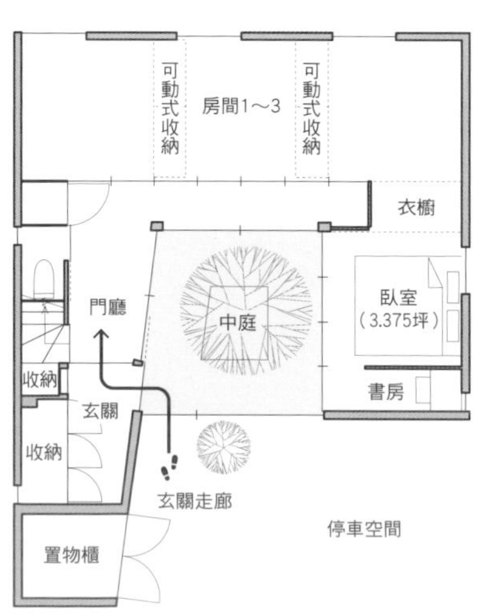

1樓平面圖

完全開放的鋁製和木製複合大型窗框

2m寬的屋簷成為住家的特色，會產生一整片的陰影

從LDK延伸出來平坦連接的磁磚地和草皮

在庭院內所看到的客廳、餐廳空間。因為讓活動空間平坦與庭院接續，以及設置了與庭院之間的大開口設計，而成功將庭院景觀融入日常生活中。

08

完全開放的大開口 將庭院風景融入日常生活中

利用約2m寬的屋簷包覆住室內與室外的連續性生活空間。直接以水泥砌成的外觀是採用內層包覆隔熱材的FRC定型外層隔熱工法。不但能保持水泥外觀的美感，還能降低熱能的負荷，不管過了多久依舊能夠以低燃料費來維持舒適的溫暖住家環境。

POINT1

從客廳、餐廳延伸出來，以同樣素材平坦連接的外廊空間。再加上和草皮之間也沒有高低落差，LDK與庭院便成為能夠一體適用的空間。庭院內也設置有BBQ烤肉時能使用的桌子。

POINT2

鋼筋水泥的外觀保有樸實美感，還能降低建築物的熱能負荷，以低燃料費用就能達到住家空間的保暖效果。並在開口部設置鋁製和木製合一的窗框，再搭配上很寬的屋簷設計，打造出冬暖夏涼的室內環境。

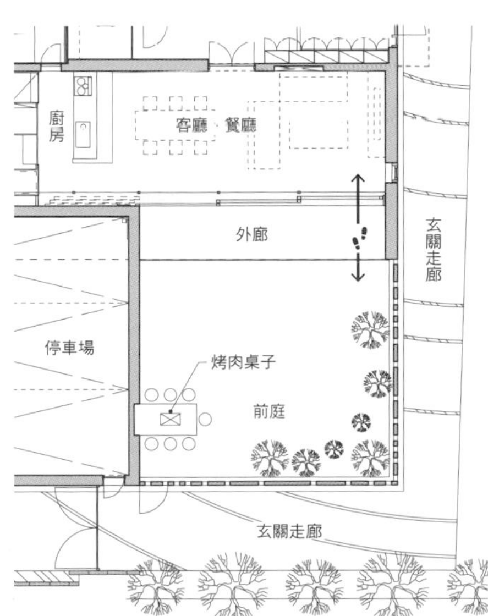

1樓平面圖（部分）

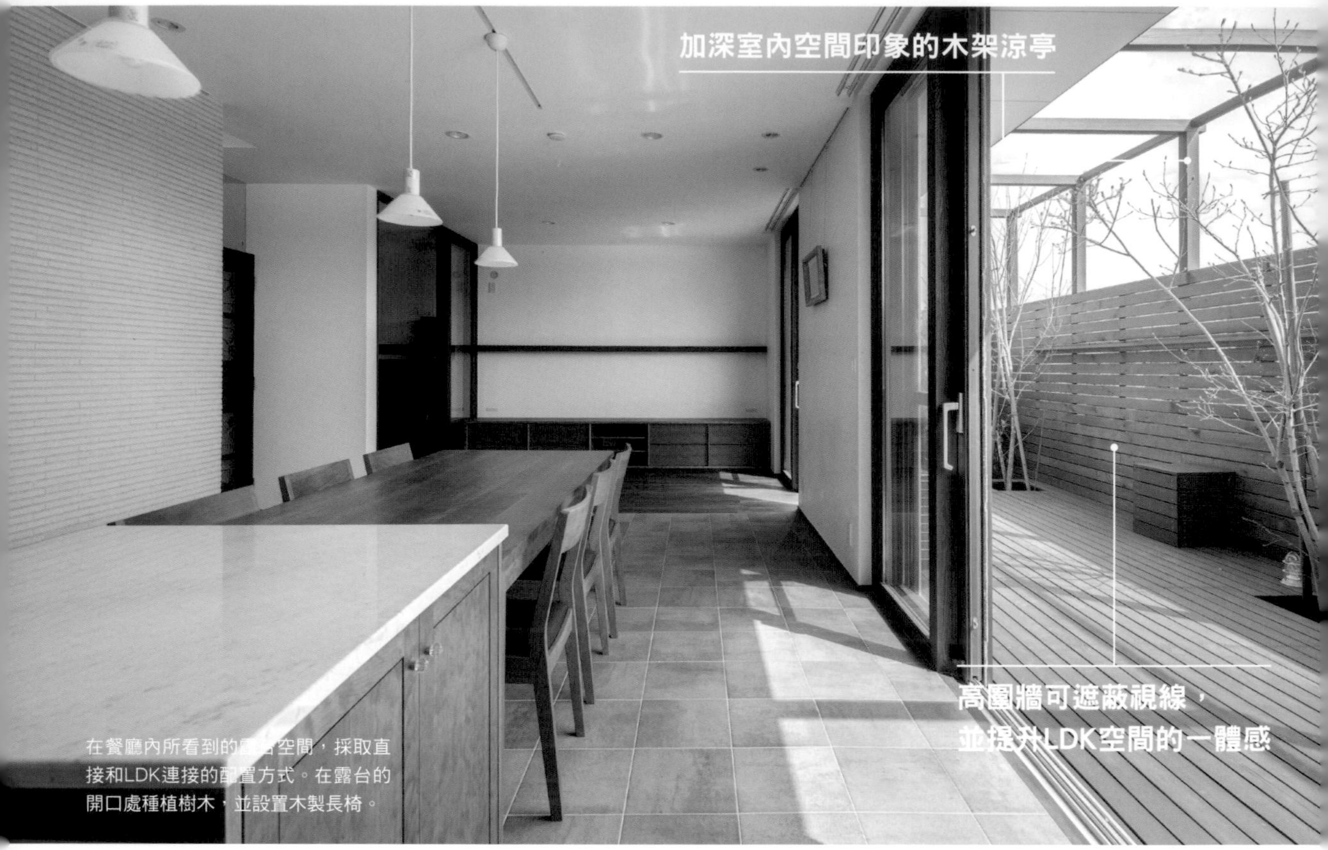

加深室內空間印象的木架涼亭
高圍牆可遮蔽視線，
並提升LDK空間的一體感
在餐廳內所看到的露台空間，採取直接和LDK連接的配置方式。在露台的開口處種植樹木，並設置木製長椅。

09

藉由有一定高度的木製百葉窗來阻擋外部視線的露台

在客廳外設置部分封閉的露台空間，藉此提升室內空間的寬敞度。將前方的木製百葉窗高度加高，能增加與室內空間的一體感，天氣好的時候可打開窗戶，成為彼此連接的ＬＤＫ空間。

POINT1

木製百葉窗可遮蔽外部視線，不必拉上窗簾，即便是在完全開放的狀態也能保有住家隱私，享受開放的住家生活空間。

POINT2

加高木製百葉窗的高度，不只能阻擋外部視線，也可增加露台與客廳、餐廳的空間一體感。

一體化空間
木架涼亭
客廳、餐廳
露台
長椅
剖面圖（部分）

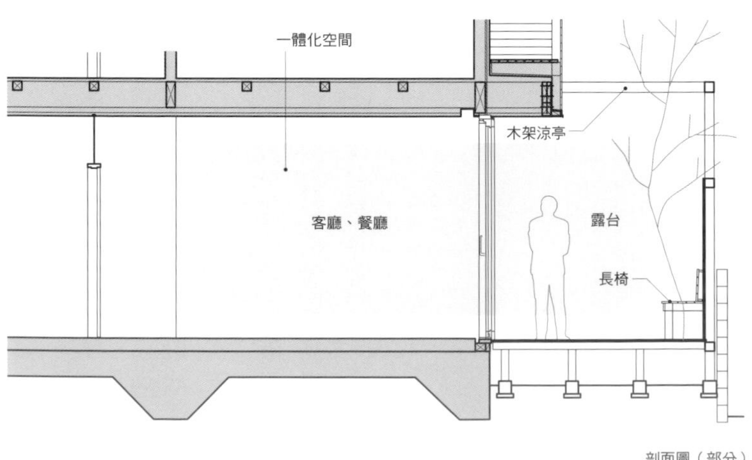

可看見客廳內的情況
開放式的浴室開關門

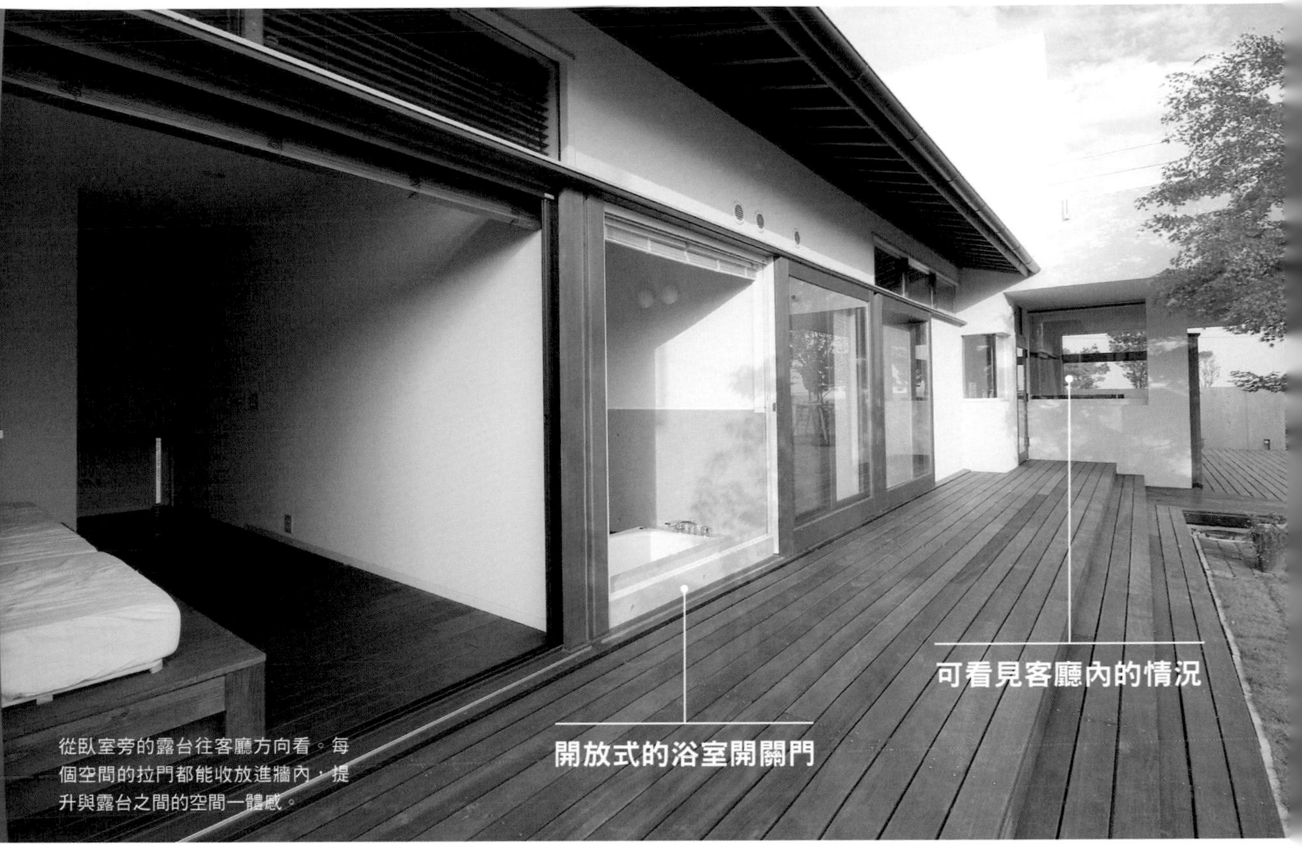

從臥室旁的露台往客廳方向看。每個空間的拉門都能收放進牆內，提升與露台之間的空間一體感。

10 連接室內與庭院的緣廊式露台空間

在面向庭院的住家南側設置東西向長條緣廊露台的住宅。露台空間有助於庭院與室內往來動線的流暢度，並拉近室內與庭院之間的距離。而且露台也具備有外廊功能，讓空間到空間的移動變得方便許多。

POINT1

一般木造住宅的室內和庭院之間的地板高度落差會有45～60cm，此住宅的露台是配合室內地板高度而設置，並在露台全面加裝樓梯，方便下樓梯前往庭院空間。

POINT2

仿照緣廊方式來設置露台空間，讓庭院與室內之間的往來動線更為流暢。露台不只能連接室內與庭院空間，還具備外廊功用，有助於空間到空間的往來移動。

臥室
（4.5坪）
盥洗室
房間
廚房
露台
客廳
（5.5坪）
露台
N

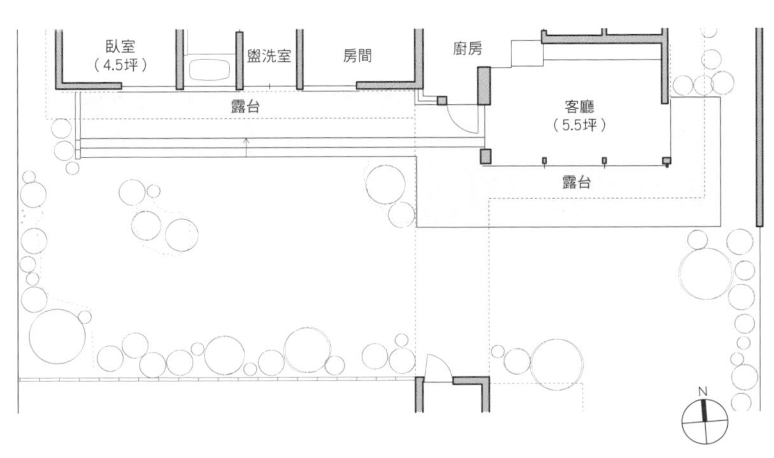

1樓平面圖（部分）

Chapter 6 讓生活增添色彩的房間設計

可分開為三等分的
加高家俱式高台

將房間裝潢成西式房後，便製作和房間尺寸一致的高台，規劃出類似地板架高區的場所。

01

地板稍微加高，有擺放床墊的臥室空間

因為是要給小孩睡的房間，所以在臥室床墊下設有可分成3等分的架高區。預計之後是作為夫婦倆的房間使用，因此特地將床墊下架高區設計成可分開的形式。

POINT1

為了在將來方便拆解，左右兩旁採用的是單人床式的高台，中央部分則是以木板連接。以木頭拼接成木框狀，接著再貼上合板，最後塗上和床墊搭配的塗料。

POINT2

由於擺放了3.2m×2.8m的高台狀家俱，使得一部分的地板增高許多，這樣的設計不但能保有西式房的裝潢風格，還可以像和室一樣直接鋪設棉被，相當方便使用。

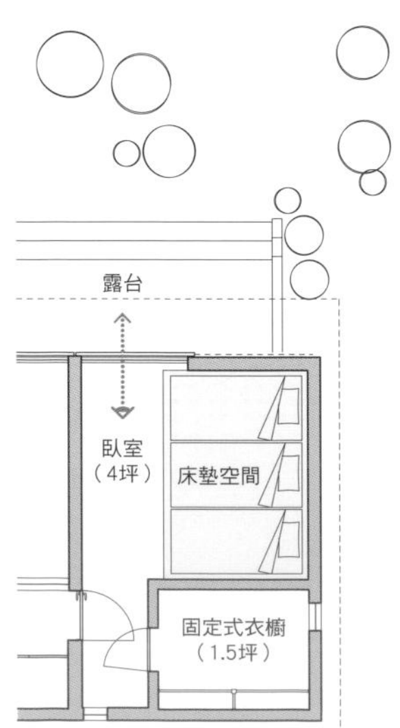

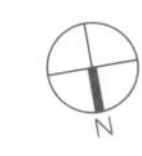

1樓平面圖（部分）

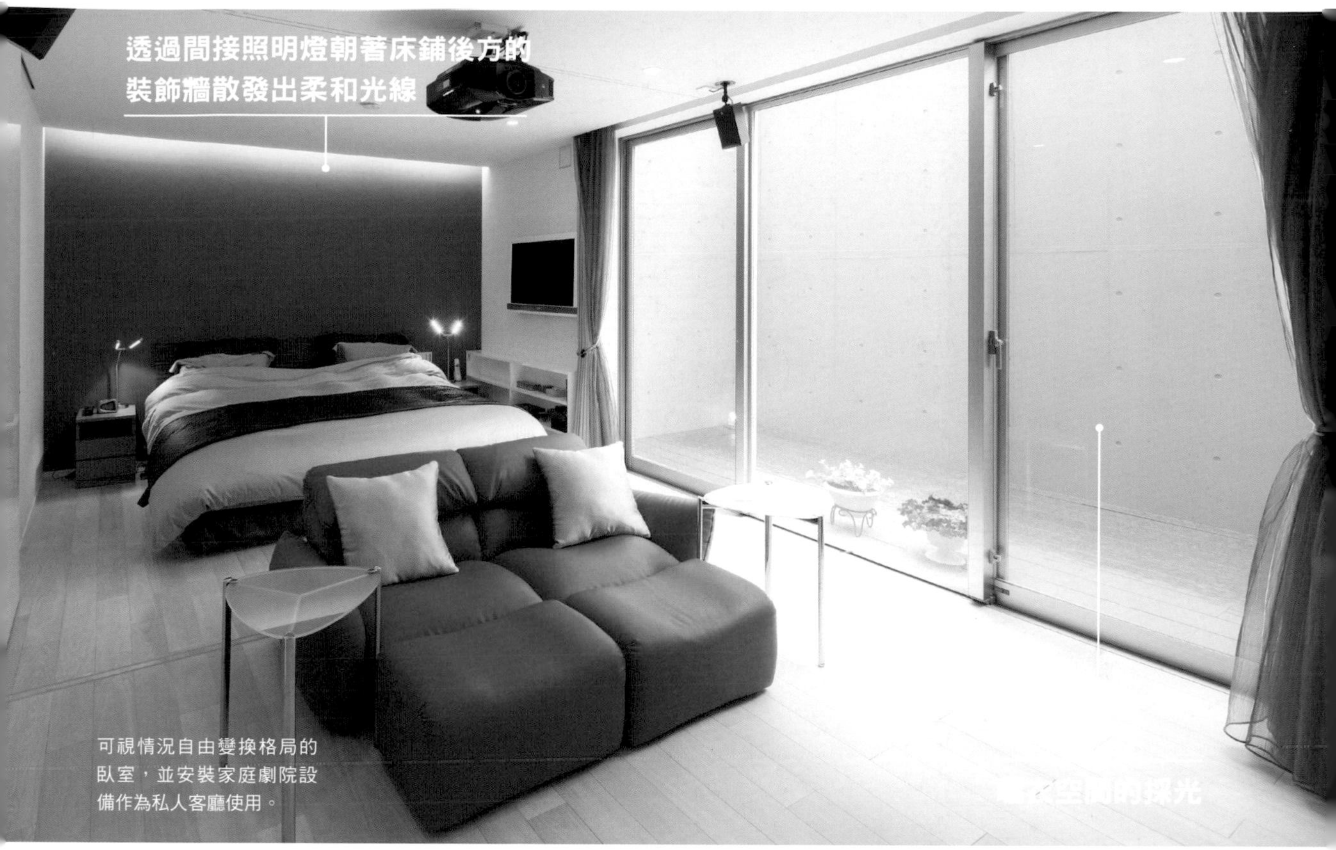
透過間接照明燈朝著床鋪後方的
裝飾牆散發出柔和光線
可視情況自由變換格局的
臥室，並安裝家庭劇院設
備作為私人客廳使用。

02

在隱密性高的地下樓層規劃出作為第二個客廳使用的臥室空間

把直射有光線照射，以及具備良好風景眺望視野的地面樓層當作是公共空間，並將隱密性高的地下樓層規劃成臥室空間。由於臥室是一天會花最長時間的場所，所以將其安排在一天由開始到結束，都能放鬆身心的私人客廳空間隔壁，打造出有別於樓上公共空間的療癒系樓層空間。

POINT1

夫婦的2人住宅，地下樓層不只有臥室空間，其他像是浴室等空間也都集中在這個樓層。基本上地下樓層整體都是作為隱密性高的臥室使用，就寢時的所有活動都能在這個樓層完成。

POINT2

規劃出兼具採光和保護隱私效果的寬敞曬衣空間，而讓整個樓層變得更加舒適。私人客廳和臥室之間為可變動式的隔間，能夠將兩個空間隔開。

樓梯下方收納
固定式衣櫥
洗
私人客廳
臥室
可動式隔間
曬衣空間
N

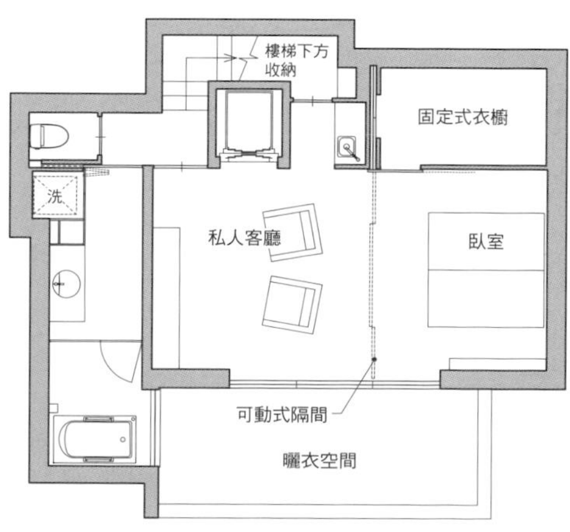

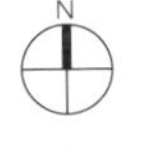

地下1樓平面圖

以木製百葉窗遮蔽內部的空調設備

在壁龕內裝設間接照明燈

餐廳內所看到的臥室。壁龕內有整齊排列的間接照明燈，並調整木製家俱的高度，不要碰觸到天花板，可有效降低壓迫感。

03

在臥室內簡單以木製家俱間隔出迴遊動線

不用考慮到家人隱私問題的1人獨居住宅，因此採用較具效率的無隔間規劃方式。彼此相連的空間以木製家俱或是可動式家俱做為區隔，只有盥洗室空間有設置開關門。臥室內也是使用木製家俱隔出空間，讓每一處空間部分相連，還能確保個人隱私。

POINT1

整個空間利用木製家俱作為隔間的配置方式。為了讓生活空間保持整潔，有確認過木製家俱都擁有足夠的收納容量，並盡量選用佔用空間較少的擺放家俱。

POINT2

書房和臥室之間只用1個家俱作為隔間。木製家俱能夠從書房、走道、臥室的三個方向使用。

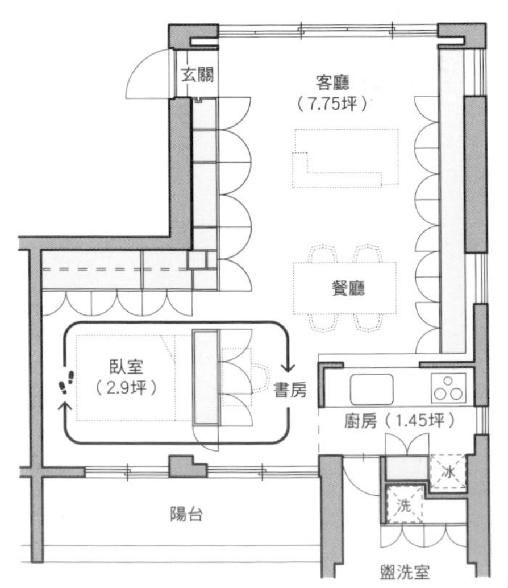

平面圖（部分）

利用4道玻璃門將室外客廳和臥室連接成一體空間

木製百葉窗和植栽不但能確保通風性，還能阻擋隔壁鄰居的視線

於道路側設置外牆，並將可遮蔽周圍視線的地點規劃為室外客廳，不僅能營造室內空間的開放感，同時還具備有保護住家隱私的作用。

04 與室外客廳結合成一體空間的開放型臥室設計

住家位於都市型住宅地，為了能夠打造出具備良好透光、通風效果的活動空間（客廳、臥室等），於是決定在可遮蔽周圍視線，且上方無屋頂的地點設置室外的客廳空間，各個空間都能透過室外客廳獲得足夠的採光和空氣流通效果。此案例所採用的是在周邊密集的都市生活環境下，能夠打造出開放式臥室空間（活動空間）的規劃方式。

POINT1

刪去走道空間，將用水空間、臥室都規劃在同一個樓層，打造出簡單又便利的住家格局。而且從每個房間都能欣賞到庭院的綠景。

POINT2

面向室外客廳，採光和通風效果良好的臥室空間。將4道玻璃門都打開，就能自然與室內外空間結合成一體空間。

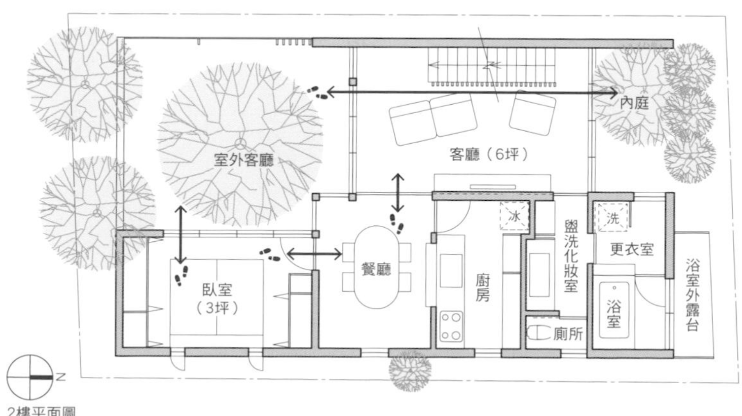

2樓平面圖

能一眼看出必需物品在何處的牆面收納方式

緊貼牆面的書櫃給人排列整齊的印象。

05

沿著牆面搭建書櫃，給人整齊俐落印象的書房空間

要集中精神書寫文章或是思考事情時，需要待在一個能方便取得所需物品的空間內，而能夠符合這些條件的地點就是書房。想要隨時拿取所需物品，就必須將物品整理收放在適合的地方，重點是即便是物品四散的狀態，也要能夠掌握收放位置。

POINT1

先決定哪個位置要收放哪一類的書籍，就能直接辨別書籍是否有物歸原處，外觀上也會比較整齊。重點是要重新丈量書籍的尺寸，設定出必要的收納空間大小，提升書籍收納的效率。

POINT2

由於將書櫃本身當作是空間的裝飾品，所以選用松木板來組裝。但為了搭配白色的牆面，於是將書櫃塗上白漆，接著再將塗漆弄薄，讓木板能顯出表面的木紋。

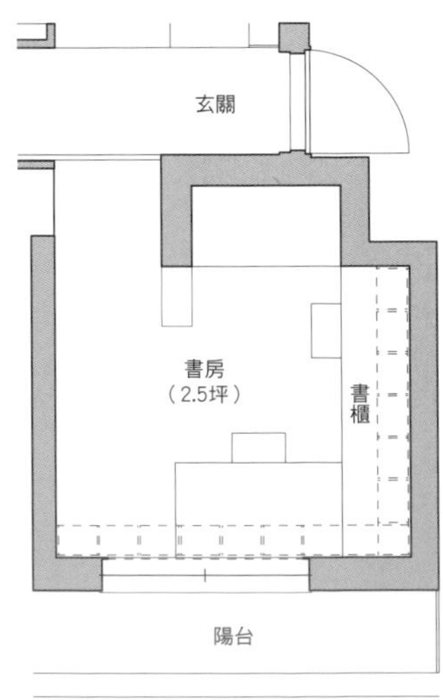

平面圖（部分）

兼具固定式衣櫥功能的臥室空間。衣物吊桿可從天花板往下降，能直接吊掛衣服，不需另外設置收納空間，可有效降低空間的壓迫感，再加上下方為懸空狀態，能讓空間感覺不那麼狹窄。

06 開放式衣櫥和兼具收納功能的臥室

開放式衣櫥和兼具收納功能的臥室空間。因為原來的收納空間都十分狹小，無法確保有足夠的收納空間，因此便在臥室床鋪以外的地方設置收納空間。結果就規劃出這個四周被收納物包圍的舒適臥室空間。

POINT1

善用凹式空間卻保有足夠的收納量，因為空間呈現凹字型，所以不必設置開關門，也不太會直接看到內部收納的物品。由於收納空間的深度較深，可以將不常使用到的物品擺放在底端的部分。

POINT2

床鋪上方很容易淪為死角空間，因此決定在此處裝設置物架，不浪費每一處空間，作為開放式收納空間使用。但由於設置位置在床鋪上方，所以也必須設定最適合的高度，讓整個空間給人留下整齊俐落的印象。

臥室（2.5坪）
上方收納空間
收納
土間
N

平面圖（部分）

上方的光線照射
會隨著時間移轉有所變化

上方有光線照射，就像時鐘一樣，能享受到光影的各種變化。

07

書房內的上方光線會隨著時間變換方向

在客廳、餐廳的一個角落設置開放的空間，而且從上方開口還能獲得大量的光線照射。雖然不是什麼很重要的空間，但是可以感受到一整天的光影變化，成為適合晴耕雨讀的書房空間。

POINT1

在開放式LDK內所設置的書房空間。對於每天要面對日常生活中的眾多人事物，已經受夠了城市喧囂感的屋主而言，這是個能夠感受光影變化，為生活增添色彩的空間。

POINT2

位於客廳、餐廳一角的書房空間，上方的開口部位有光線照射，能感受到一天時間的變化。

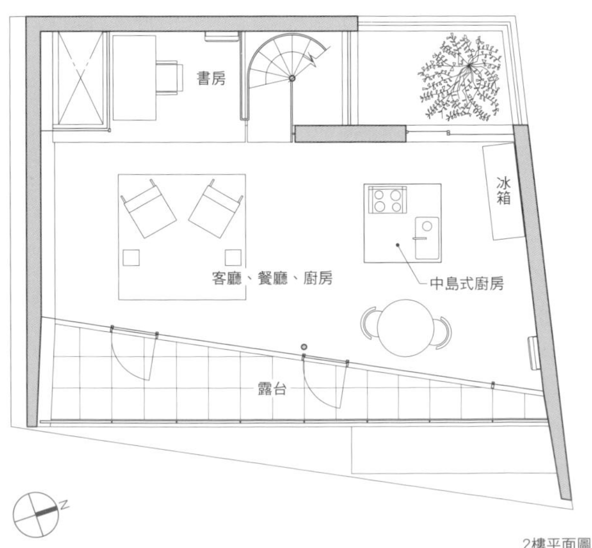

2樓平面圖

08

土間長廊具備玄關、書房等各式空間功能

一層樓半的挑高空間是住宅內的土間長廊。土間長廊是能夠作為玄關、書房或是其他用途使用的工作空間，所在位置面向南北側延伸的庭院，打開門就能成為半室外的開放式空間。

與南北向的庭院相接的土間

南北向高度達3.3m的挑高土間長廊，東側的牆面上有收納架和作業用的桌子，長椅的部分則是使用杉木夾板製作而成。

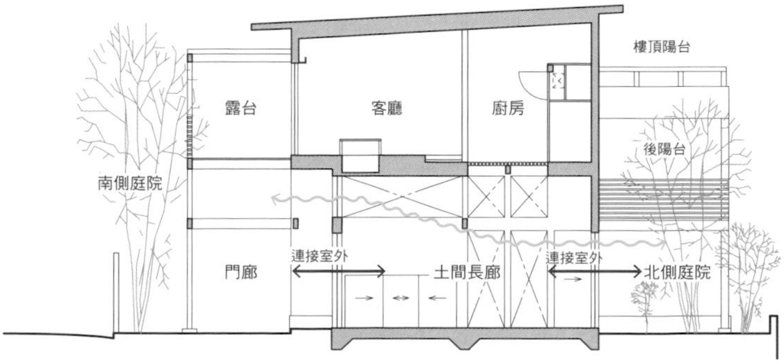

剖面圖

POINT

可作為玄關、長廊以及書房使用的5.25坪土間長廊空間。將南北向的大門打開就成為半室外空間，可用來當作嗜好的D.I.Y、腳踏車等交通工具的整備空間。

09

面向挑高空間，可隨時掌握家人動向的書房

住宅的南側中央設有挑高，整體空間以無隔間的配置方式連接成開放式住家。2樓的各個空間都可透過開關門，經由挑高與1樓的客廳空間連接。書房位置在臥室底端，將吧台桌前的木格窗打開，便能和挑高結合成一體空間。

可作為晾衣空間使用的書房

藉由木格窗的開關與客廳空間一體化

書房內所看到的挑高空間。外型簡易的柳安木夾板書櫃是由木工製作而成。

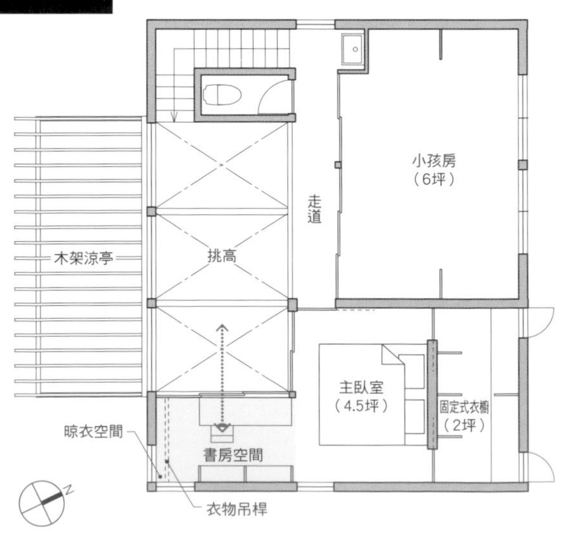

2樓平面圖

POINT1

位在臥室底端的書房空間，可以在回家後就寢前繼續完成剩餘工作。面向南側的書房一隅也可作為晾衣空間使用。

POINT2

將臥室底端正面的書房木格窗打開，就能透過挑高和1樓的LDK連接。即便在書房內也能隨時掌握家人的動向。

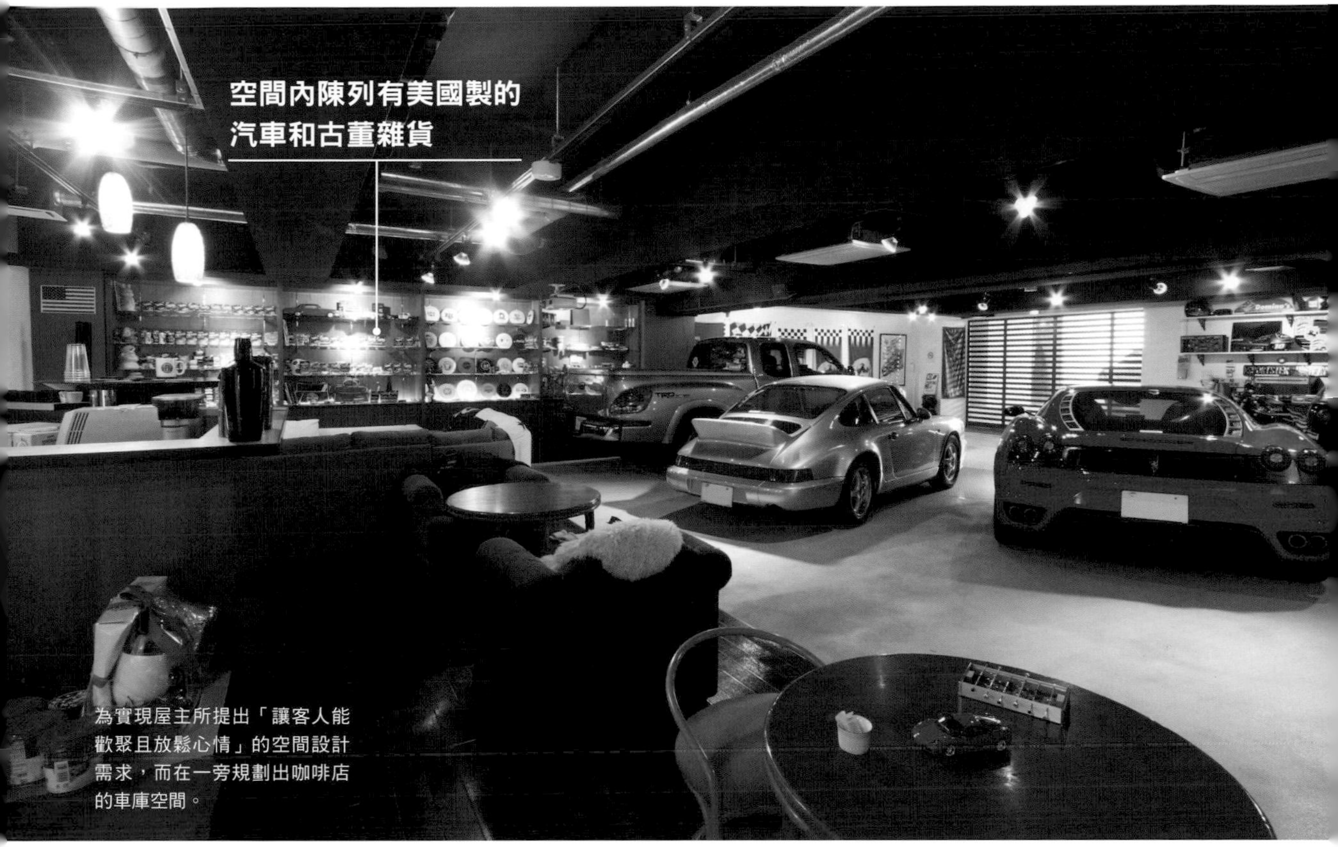

空間內陳列有美國製的
汽車和古董雜貨

為實現屋主所提出「讓客人能歡聚且放鬆心情」的空間設計需求，而在一旁規劃出咖啡店的車庫空間。

10 在角落設置咖啡店，能吸引客人上門的車庫設計

為了讓車庫空間呈現出成熟且低調的裝潢風格，地板是採用水泥土間，並大膽將管線外露。再加上黑色的天花板設計，打造出簡單樸實的空間氛圍。還在一旁設置咖啡店，成為客人聚集的悠閒空間。

POINT1

咖啡店的部分有鋪設地板材，而車庫則是水泥地材質，打造出無隔間的整個大空間，改變地板的高地差能明確劃分空間的區域性。

POINT2

在汽車和物品陳列區都有制定一套照明計劃，藉由燈光的明暗來突顯空間的立體感。利用軌道燈架可自由變更照明燈的位置。

咖啡店
陳列架
車庫
坡道
摩托車區
N

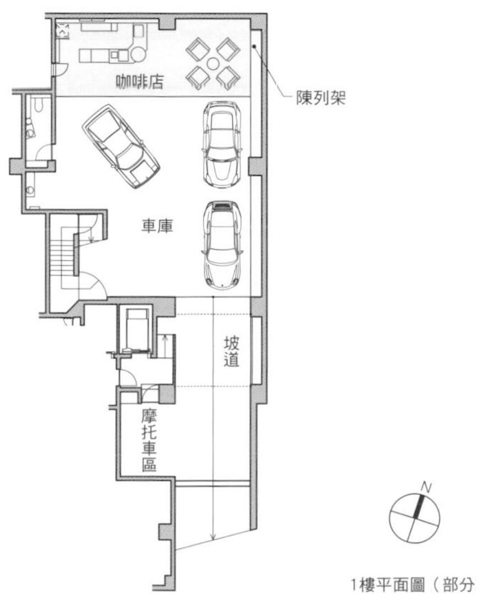

1樓平面圖（部分）

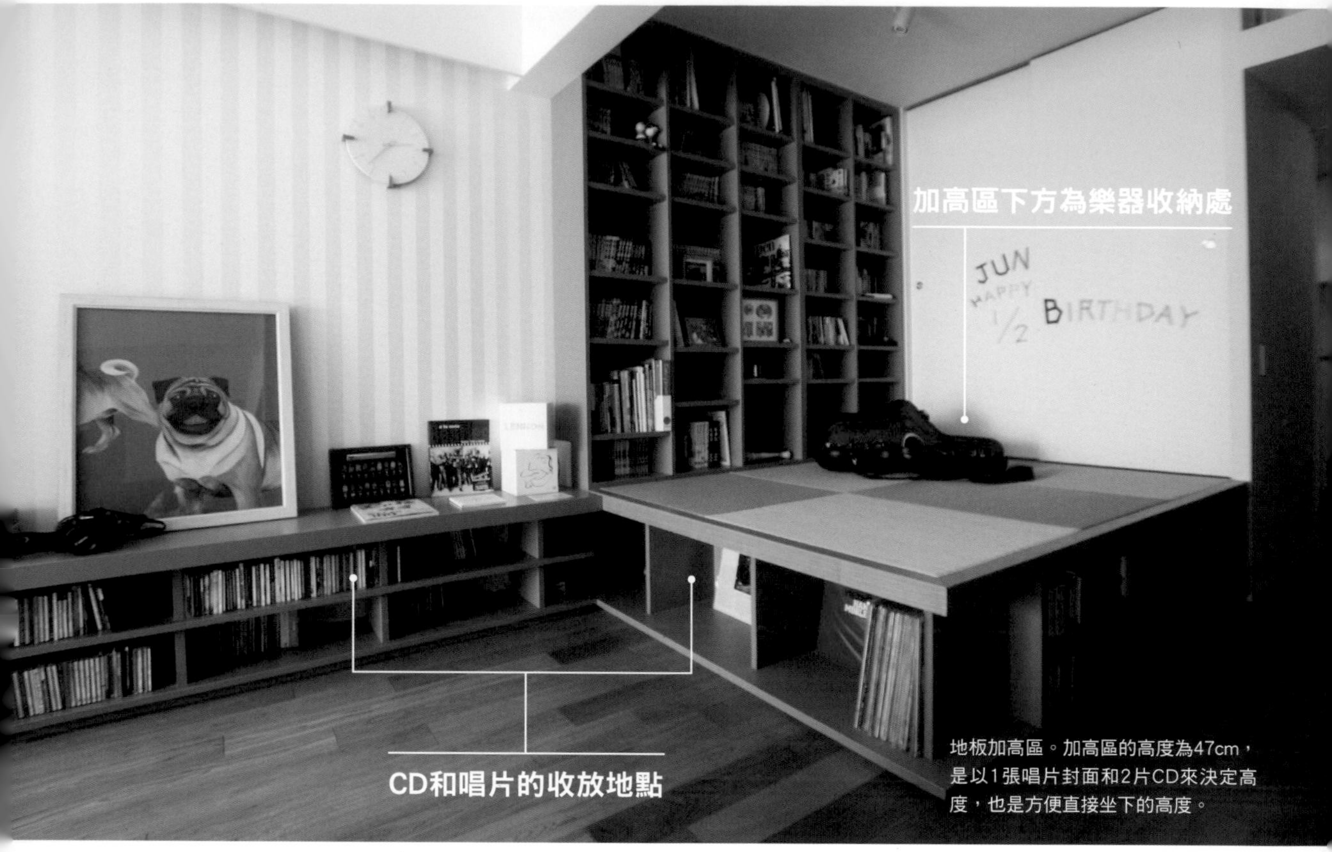
加高區下方為樂器收納處
JUN
HAPPY
1/2
BIRTHDAY
CD和唱片的收放地點

地板加高區。加高區的高度為47cm，是以1張唱片封面和2片CD來決定高度，也是方便直接坐下的高度。

11
能作為客房使用，地板加高的休閒嗜好空間

屋主是很喜歡音樂的一對夫婦，需要有大量擺放CD和唱片的空間，因而設置了開放式的木工收納櫃。另外為了要確保有足夠空間能夠收放管樂器，所以將加高區下方當作是樂器的收納場所。

POINT1

客廳一隅的加高區為喜歡音樂的屋主嗜好區，有客人來訪時可作為客房使用。

POINT2

將加高區和牆面收納櫃的高度統一，提升客廳空間設計的一體感。而收放唱片和CD的收納櫃所延伸出的47cm加高區，則是設定為方便坐下的高度。

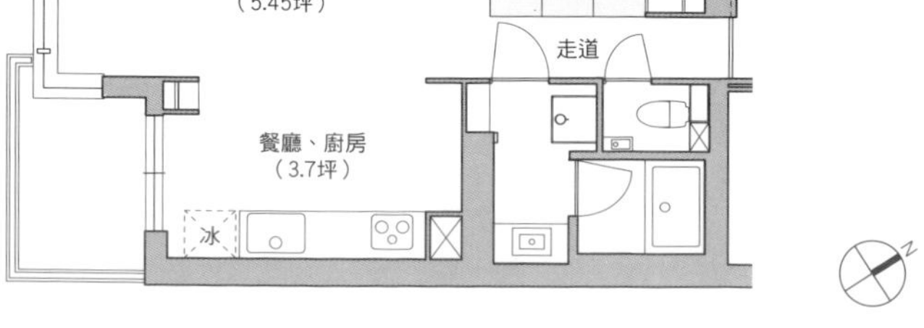
收納
客廳
（5.45坪）
加高區
（1.15坪）
走道
餐廳、廚房
（3.7坪）
冰
N

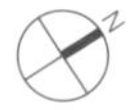

平面圖（部分）

12

鋪設玻璃的室內露台成為能讓光線擴散至樓下空間的天窗

南側有鄰居住家的住宅密集區，缺點是窗戶的採光效果不夠好。在這樣的情況下，大多會選擇設置天窗作為補救方式。不過這次卻因為樓上設有露台而無法裝設天窗，因此決定透過間接式天窗設計來引導頂樓窗戶光線進入臥室空間內。

牆面有柔和的擴散光線

將頂樓窗戶的光線帶往室內的天窗

頂樓窗戶的光線透過間接式天窗進入臥室。間接式天窗是使用合成玻璃，可以在上方步行，也可做為室內露台使用。

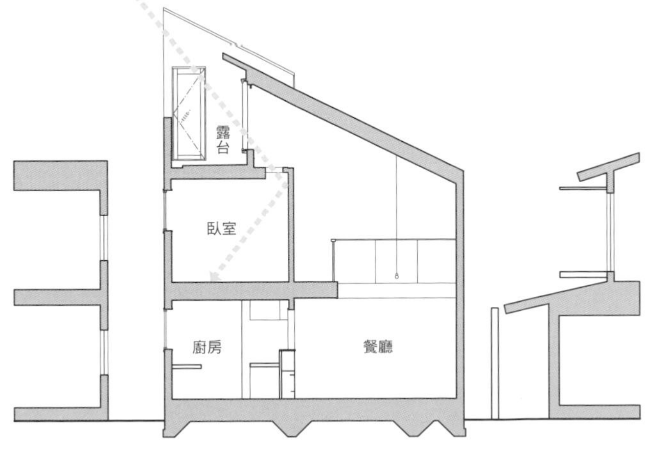

剖面圖

POINT1

住家位置在住宅密集區內，而且和鄰居住家距離相當近，採光效果相當不好。因此採用頂樓窗戶將穩定的光線透過間接式天窗帶往室內的設計方式，讓空間能保持明亮。

POINT2

沒有因為天窗而出現容易產生的熱氣和結霧問題，還因此獲得穩定的採光效果。

13

可以因應家族成員的增減變化，而變換使用方式的小孩房

在裝潢住家空間時，如何規劃小孩房的設計是相當重要的因素之一。但實際上小孩房的必要使用期間只有小孩小學高年級開始的15年時間，因此如果將房間規劃成固定隔間，等到小孩長大獨立離家後，很容易就會淪為死角空間。所以只需要利用家俱製品隔出房間區域，這樣的設計就能因應之後的各種情況來自由變化使用。

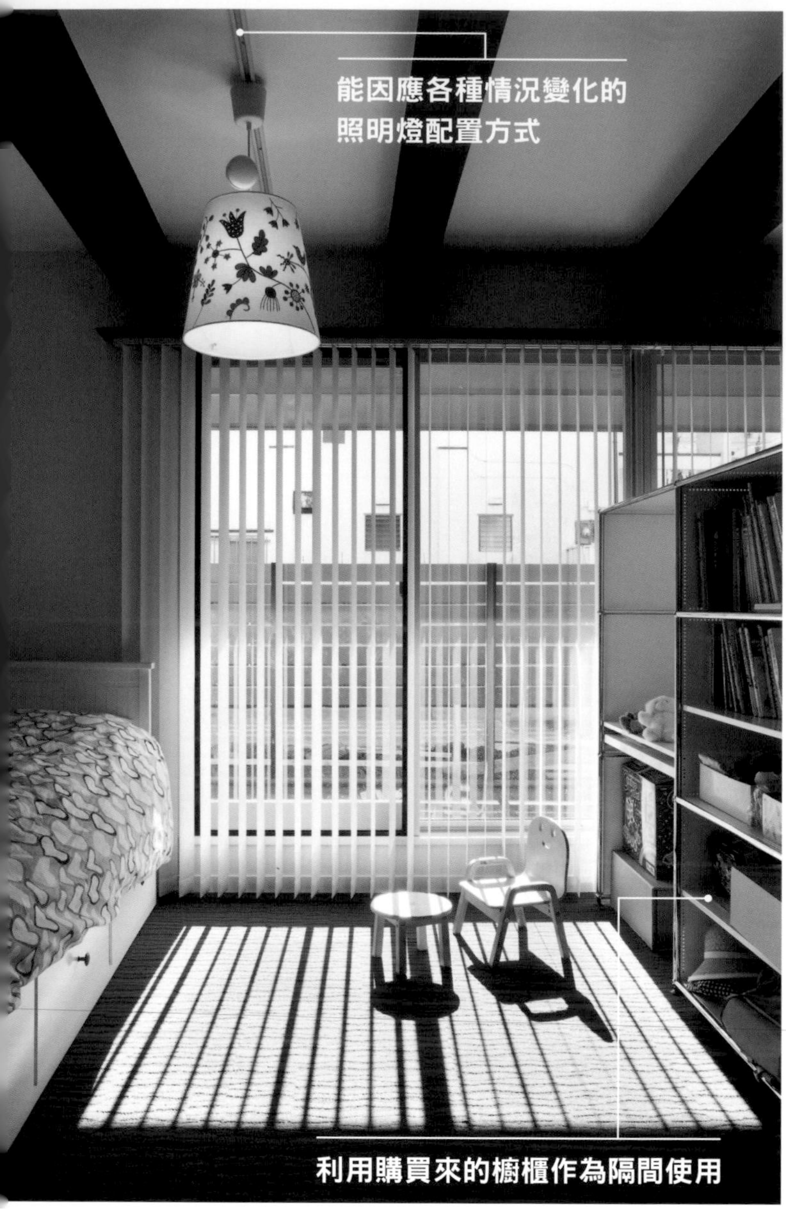

能因應各種情況變化的
照明燈配置方式
利用購買來的櫥櫃作為隔間使用

隔間相當自由的空間。

N
購買來的櫥櫃
自由空間
（6.6坪）
盥洗室
廁所
浴室
客廳
（3.3坪）

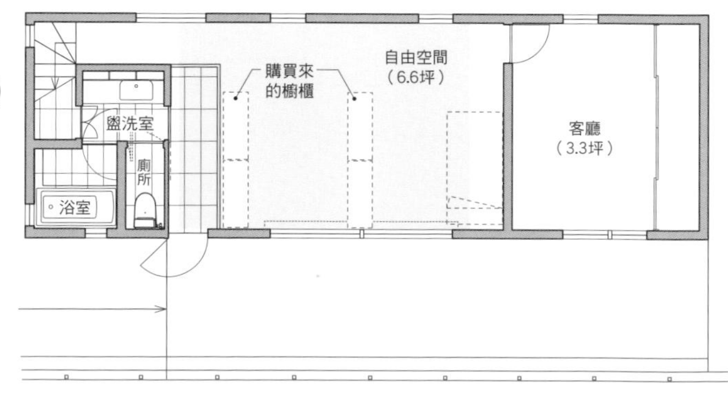

2樓平面圖

POINT1

小孩房不必特別隔出獨立空間，而是將其設置為自由空間。因應之後家人的增減變化，可透過櫥櫃的擺設方式來改變隔間。

POINT2

考慮到之後家人的增減變化，而規劃出能因應各種情況的動線配置方式。

客廳所看到的書房牆面。在客廳和書房的隔間牆上方裝設間接照明燈，強調兩個空間的連結性。

14

客廳與書房透過天花板連接，讓空間變寬敞

屋主提出「整齊俐落的客廳、餐廳空間」要求，於是便將容易顯得雜亂的書櫃和電腦區，規劃為與客廳相連的書房空間。並降低書櫃高度，讓空間與天花板能有所連結，藉此減少小空間書房的壓迫感，還能同時提升客廳的寬敞度。

POINT1

刻意不在客廳裝設大容量的牆面收納櫃，只設置了佔用最小空間的收納架。因為已經在隔壁的書房設置了足夠的收納空間，才會將客廳、餐廳的收納量縮減至最低程度。

POINT2

獨立的書房空間可讓人專注地處理工作內容。因為讓客廳和書房的天花板相連，可以減少空間的壓迫感，還能互相掌握家人的動向，並提升兩方空間的通風、採光效果。

間接照明燈

收納

客廳

書房

書櫃

立面圖

15 以拉門連接隔壁房間，規劃出多用途的和室空間

可作為一部分小孩房、客房、家事房等多樣方式使用的和室空間。即便是空間有限的住宅，還是能夠利用拉門隔開一旁的西式房，只要統一地毯和地板的顏色，就可以透過拉門的開啟，連接成一體性的使用空間。

利用拉門隔開小孩房與和室

搭配地毯顏色的榻榻米

和室內所看到的小孩房。和室內設有貼著江戶唐紙*的木工收納櫃。收納櫃的上下方有裝設間接照明燈，能提升空間的寬敞感。

POINT1

在小孩房與和室之間設置拉門，藉由拉門的開關，變換成1個或2個房間來使用。日常生活中可作為一部分小孩房使用的和室，有客人來訪時則是能作為客房使用。

POINT2

由於連接和室、小孩房和LDK之間的拉門可完全收放至牆內，所以能和客廳連接成一體空間使用。而且打開門後，還可以從客廳內直接看到收納櫃外觀的江戶唐紙模樣。

＊：江戶唐紙，是一種在和紙上進行各種裝飾的工藝品，大多用作糊拉門的紙。是日本和式特有的美麗壁紙。

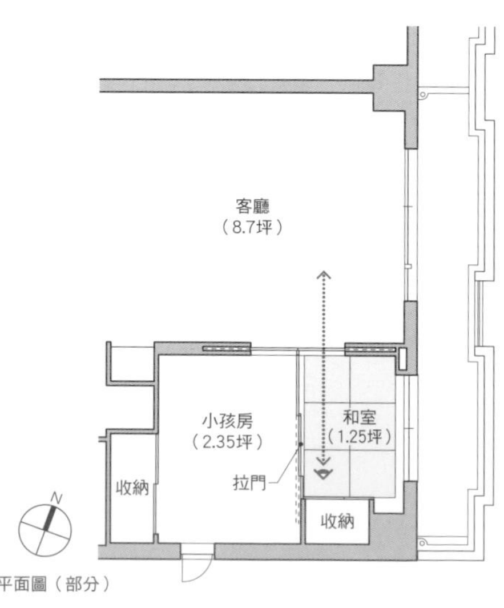

平面圖（部分）

閣樓式床鋪

書桌

客廳內所看到的小孩房。小孩睡覺時能夠將大型可動式隔間門關上，也能作為一部分的客廳空間使用。

16

與LDK連接的超迷你小孩房空間

由於屋主抱持著「小孩房不需要保護隱私」的教育方針，因為想要在有限面積的空間內，設計出有多樣設施的家族團聚空間，結果就規劃出空間小巧的小孩房。由於小孩房和家人共有空間有互相重疊，因此還具備有整理私人物品和促進與家人之間溝通的優點。再加上小孩房在就寢外的時間都會將門打開，還能作為一部分的客廳空間使用。

POINT1
與LDK相連的小孩房。1個人差不多需要1.75坪空間，採用閣樓式床鋪、書桌和收納空間的配置方式，讓小孩房內能擁有足夠的設施功能。

POINT2
LDK和小孩房之間的大型可動式隔間門能收放至牆內，可以視狀況變換使用方式。

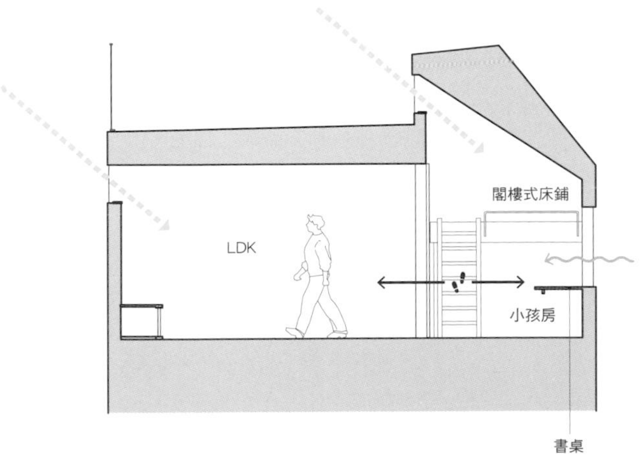

剖面圖（部分）

17

在風格獨特的書房空間內設置清洗身體的洗手台

位置接近住家中央，隔著走道與陽台連接的書房空間。面對走道的地方設有洗手台，可以在進入書桌工作前先清洗身體。並利用透光玻璃作為住家的隔間牆，打造出空間不大但卻相當開放的住家環境。

陽台光線可穿透的玻璃隔間牆

可以在進入書房前先清洗身體的洗手台

越過洗手台所看到的書房空間。底端設有可眺望2層樓高挑高玄關的窗戶。利用玻璃隔間牆設計出風格新穎的書房。

POINT1

面向陽台光線充足的開放式書房。在與走道之間的隔間牆設置了進入書房工作前可以先清洗身體的洗手台，同時具備能保護書房隱私的功能。

POINT2

在連接客廳與小孩房的走道對面設置洗手台，能有效誘導小孩主動走向洗手台洗手。

平面圖（部分）

裝設光線能照射到天花板的間接照明燈，藉此緩和傾斜天花板的壓迫感。書櫃區和遊戲區是以IKEA的收納層架作為空間的區隔。

18

親子3代都能使用的高效率可變動自由空間

親子3代都能隨意使用的自由空間。具備多種用途的高效率可變動一體空間，因為高度限制而設計出圓弧面的天花板，而讓形狀複雜的住家閣樓產生視覺上的一體感。

POINT1
利用天花板較低的部分作為擺放透視模型，以及畫作的收納空間。並在較低的位置裝設間接照明燈，藉此營造出空間的寬敞感。

POINT2
圓形剖面的閣樓內部，設計方便施工裝設的隔熱材。

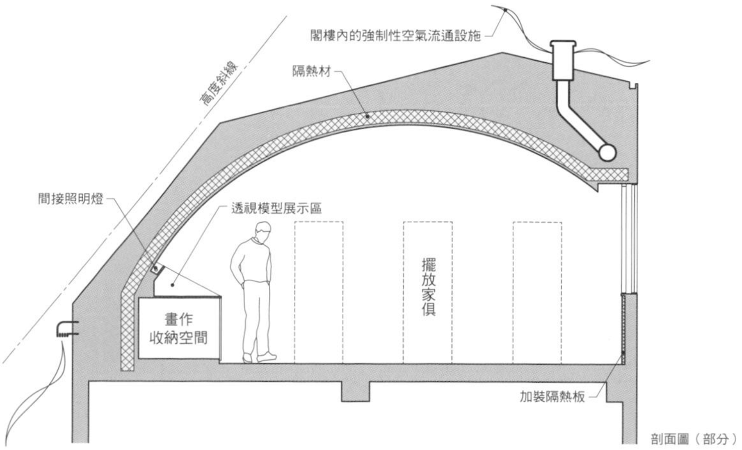

剖面圖（部分）

派對空間
旁邊的廚房

暖爐

此樓層為有暖爐設備和屋主專用廚房的玩樂空間。

19

仿效紐約大廈頂樓裝潢的派對空間

屋主的需求為「希望打造出能讓所有訪客盡情享樂的空間」。因此這間以紐約大廈頂樓為仿效對象的住家空間，則是選擇在面向陽台的位置設置大型落地窗，並搭配上大理石地板，讓空間散發出奢華感，打造出與廚房連接的多用途派對空間。

POINT1

位在樓層的中央位置，佔用大部分面積的「迎賓空間」顯得明亮且開放。寬敞的大空間是最適合用來招待客人的場所。

POINT2

擁有家庭劇院和撞球檯設施的這個空間，是採用LUTRON所出產的可隨情境調整光線的照明燈，成功規劃出充滿成人氣息的住家隱密空間。屋主專用的廚房還能夠用來準備派對食物。

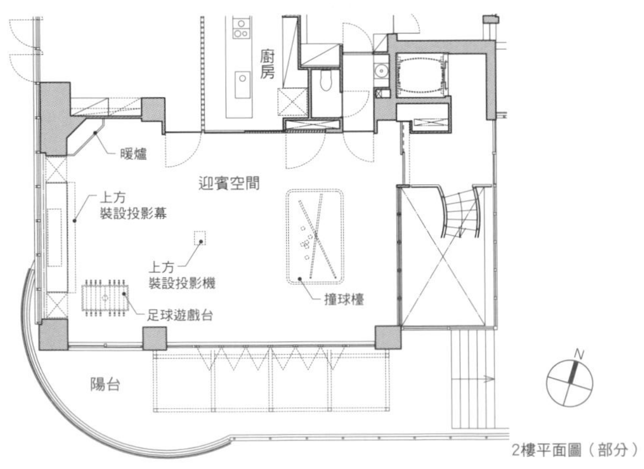

2樓平面圖（部分）

20

將客房和用水空間規劃在不容易與家人活動路線重複的位置

可放置2張單人床大小的小空間客房，能作為訪客一個晚上的過夜空間來使用。但由於空間狹小，所以只能設置床頭桌和照明燈等最低限度的設施。並將客房與客人也能使用的用水空間，都規劃在不會與家人活動路線重複的位置上，能有效保護雙方的隱私。

不會阻擋到庭院視野的上方斜窗框地窗

為保護客人隱私並獲得良好的採光效果，而在面向庭院的地點設置地窗。透過庭院的白色石頭讓光線反射至室內，打造出帶有微光的明亮客房空間。

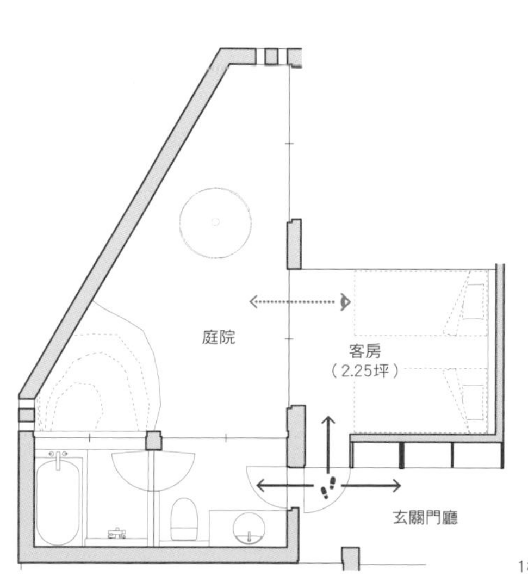

1樓平面圖（部分）

POINT1

用水空間除了家人使用之外，客人也能共用。因為是透過玄關門廳連接的空間，所以客人也方便使用。為了避免視線的交錯，而在客房的下方設置地窗。

POINT2

客房透過用水空間和玄關門廳相連的規劃方式，能讓客房保有個人隱私。

21

善用高聳天花板裝設 小孩感興趣的室內攀岩設施

利用高聳天花板特色來作為小孩遊戲房空間。整面牆都有補強基底材，並在天花板安裝多個掛勾。接著在牆面設置攀岩磚，或是加裝彩色的鞦韆和吊床等懸掛物。

補強基底材的牆面

牆面有補強基底材，並運用高聳天花板來設置室內攀岩設施。

POINT1

為了要在小孩房裝設室內攀岩設施，而對牆面進行基底材補強動作，也為了能在天花板安裝鞦韆和吊床等設施而加裝吊鉤。這都是從小孩房高聳天花板所衍生出的設計創意。

POINT2

現在是以單室空間來使用，為了能在將來可以分割成2個空間，而設置了2處的開關門。2個空間都有閣樓構造，所以在分割後也能以立體空間方式使用。

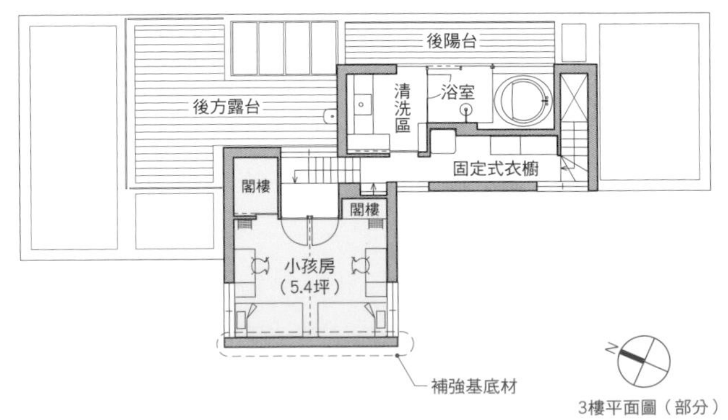

3樓平面圖（部分）

顯現出從天花板夾縫透出的自然光，以及間接照明燈所散發的柔和光線

臥室內所看到的天花板夾縫。因為設置了天花板夾縫，在保有個人隱私之餘，以不刻意突顯自然光線和照明燈的方式讓臥室充滿柔和光線。

22 透過樓上的天窗將柔和光線帶進臥室

為保護住家隱私，規劃出能放鬆心情的臥室空間，於是將牆面的開口部尺寸壓縮至最小程度。雖然這樣的設計容易給人空間昏暗的印象，但由於在連接2樓空間處設置天花板夾縫，能透過自然光線和間接照明燈讓臥室充滿柔和光線。

POINT

為保護住家隱私而刻意將窗戶面積縮減至最小程度的1樓臥室。自然光線能透過與2樓LDK和臥室連接的天花板夾縫進入室內，成為充滿柔和光線的空間。

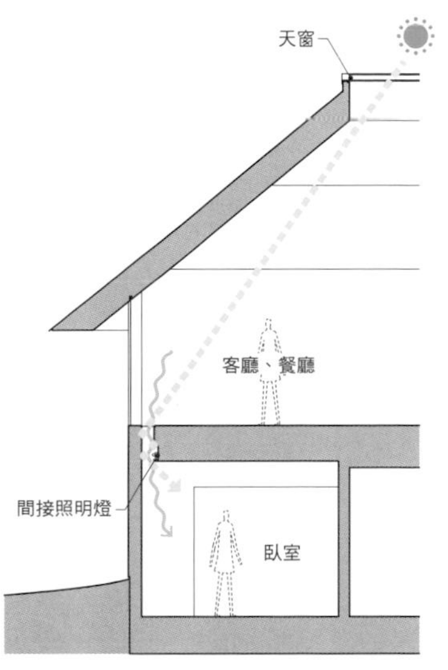

剖面圖（部分）

在角落設置窗戶
給人空間明亮的印象
以裝飾台為中心，兩旁
則設有書院和脇床*設施

不需要佔用太大面積，只要有和室空間，就能有效提升日常生活的空間實用性。鋼筋水泥的建築物由於在構造上比較沒有樑柱限制，所以能規劃出整齊的和室空間。

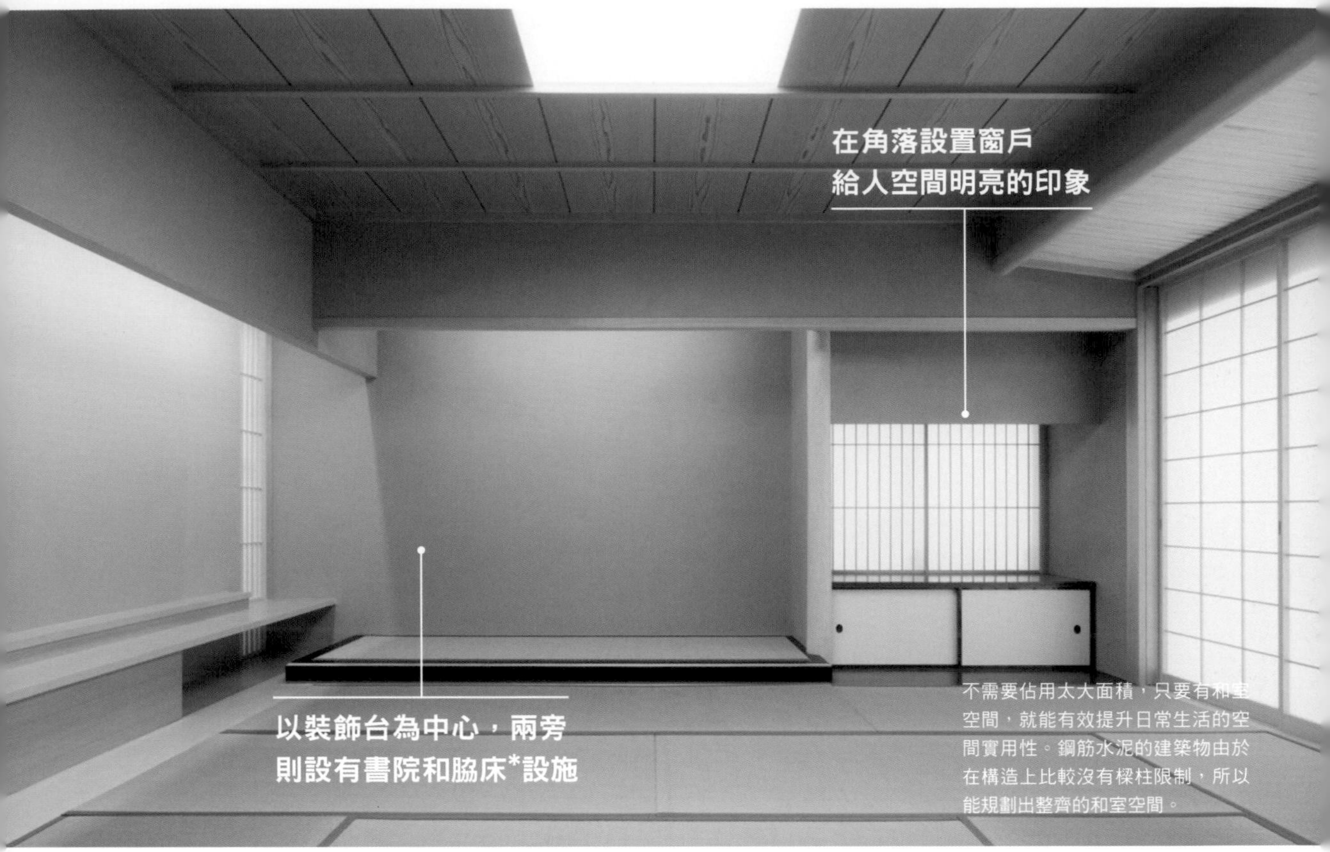

23 設計多元的傳統和室會客空間

雖然近年來住家和室空間的需求度大減，但是對日本人而言，和室其實是生活中不可或缺的便利空間。設有裝飾台、書院和壁櫥的寬敞傳統和室空間，除了需具備能作為客房使用的機能性，還必須是能夠提供飲食招待和過夜場所的獨立式空間。

POINT1

入口處有舖設方便以膝跪地進行紙門開關動作的榻榻米，各項設施都符合動作流暢度。

POINT2

因為是寬敞的會客室空間，所以將坐墊和棉被分別收納，並確保有足夠的木矮桌及設施的收放空間。

＊脇床（わきどこ）：亦可稱為床脇，是在和室當中位於左側或右側的裝飾部分的總稱。

坐墊收納
脇床
壁櫥
裝飾台
會客室
（5坪）
書院
疊緣
書房
電梯
庭院
N

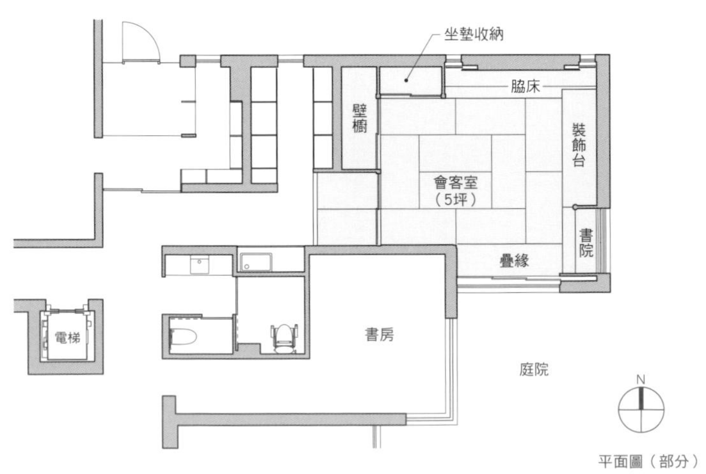

平面圖（部分）

餐廳內所看到的榻榻米空間。因為營造出與陽台之間的一體感，以及可眺望天空的開放感，而讓空間顯得更為寬敞。

24
客廳角落的榻榻米空間 可作為客房使用

重視與客廳空間的一體感而設置的榻榻米空間。平常是家人團聚的場所，也能作為客房使用。當客人準備就寢時，還能將可動式隔間門關閉，與客廳空間分開，在保護個人隱私的部分也有萬全地準備。

POINT1

在LDK與榻榻米空間的南側設置大開口，提升採光和通風效果，而北側的高窗則是成為自然風的通道。可以自由掌控庭院夏天到冬天因為樹葉增減而產生的光照變化。

POINT2

榻榻米空間和客廳的地板是以平坦方式連接，也可作為育兒空間使用。

榻榻米空間（3坪）
陽台
停車空間
可動式隔間
客廳（3.5坪）
餐廳（3坪）
廚房
浴室
N
2樓平面圖

Chapter 7

豐富多元的住家門面設計

關上門就成為擋風室

方便直接坐下的加高區

玄關所看到的土間。可作為嗜好收藏物的展示空間或是用來擺放插花作品，也是住家不可或缺具備長廊功能的空間。

01 關上門就是擋風室，同時可作為展示空間使用的土間玄關

位於寒冷地區的住宅土間空間，在嚴冬時期利用可收放至牆內的門作為擋風室大門，把門關上就能有效降低暖爐設備的負擔。土間設定為平常若有鄰居造訪時，不需要特地脫鞋，也能直接坐下的和室與餐廳地板加高區，成為彼此話家常聊天喝茶的空間。

POINT1

兼具與鄰居話家常場所與長廊空間功能的土間。考慮到客人來訪時，端茶的便利性，而設定為與餐廳、廚房連接的空間。此加高區的設計則是為了方便直接坐下享受聊天時光。

POINT2

寒冬時期可使用平常能收納至牆內的拉門，將室內空間與玄關隔開。而且關上門後的土間還具備擋風功能，能有效降低暖爐設備的負擔。

1樓平面圖（部分）

02

通往玄關能掌握中庭狀況的走廊空間

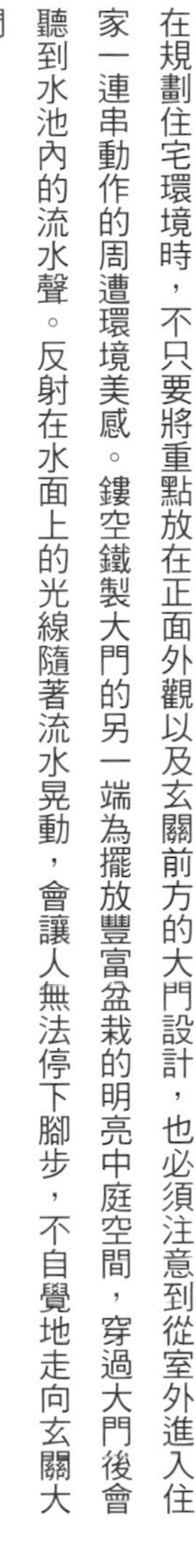
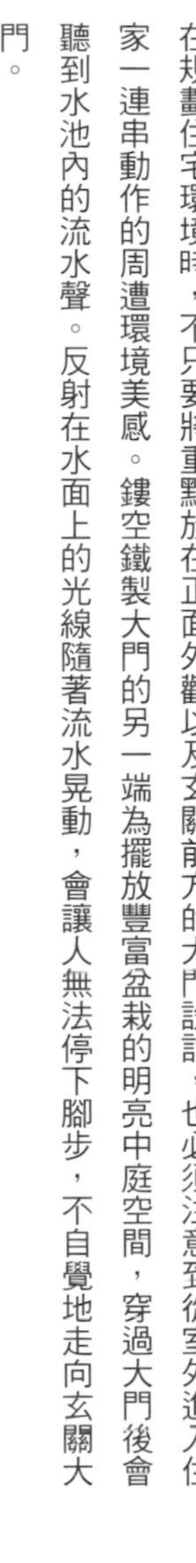

在規劃住宅環境時，不只要將重點放在正面外觀以及玄關前方的大門設計，也必須注意到從室外進入住家一連串動作的周遭環境美感。鏤空鐵製大門的另一端為擺放豐富盆栽的明亮中庭空間，穿過大門後會聽到水池內的流水聲。反射在水面上的光線隨著流水晃動，會讓人無法停下腳步，不自覺地走向玄關大門。

水流聲也具備阻絕周遭噪音的效果

通往中庭的石階設計

地面鋪滿天然石英石，色彩豐富的玄關走廊。可利用石階前往中庭。

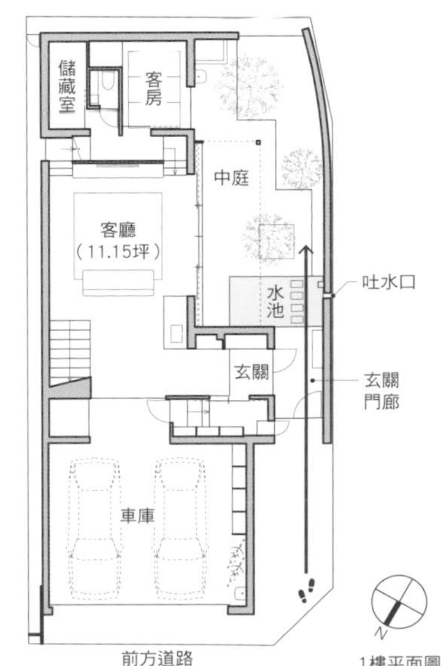

1樓平面圖

POINT1

推開大門後會看見前方有水池設計的中庭空間，從玄關走廊就能感受到中庭的水池和植栽所帶來的大自然氛圍。而能夠穿透大門的流水聲，還能有效蓋過周圍的噪音。

POINT2

為了讓水面能激盪起更高的水花，而加高吐水口的位置。還能藉由水面的反射，讓南側光線照映在門廊的牆面和玄關大門上。

屋頂和外牆使用相同的材質，提升住家外觀的整體感。並採用能夠突顯出獨特漂浮感的玄關走廊樓梯。

能阻擋道路視線的側壁

與建築物融為一體的郵件信箱

03 不必在意鄰居視線，開放式的懸空入口空間

在比道路還要低2m的土地上所搭建的2代同堂住宅。2樓的玄關入口空間則是運用高低差而呈現出懸空的設計，並在大門前方設置能阻擋視線的側壁，讓道路上的行人不會直接看到住家內的模樣。

POINT1

在玄關門廊設置屋頂和側壁，即便打開大門也不怕隱私曝光。拿取郵件往來時也不會被雨淋濕。由於住家位置比道路還要高，所以不會發生和行人視線交錯的情況。

POINT2

玄關門廊是從1樓衍生出來的懸浮鋼筋水泥構造體，營造出在走上玄關走廊樓梯時的獨特空間漂浮感。

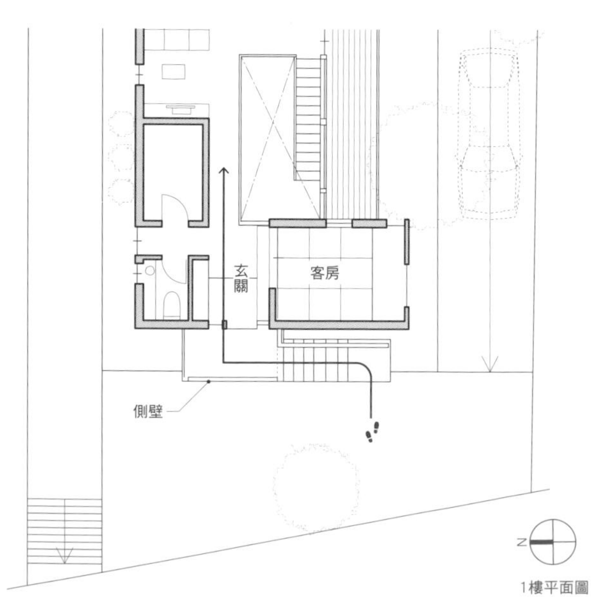

1樓平面圖

04

向外延伸的懸空玄關門廊空間，讓人產生想要進入室內的期待感

位在住宅密集區的旗杆地住家，從道路所看到的大部分建築物外觀都被遮蔽，只能稍微看到一部分的玄關。為了要提升玄關大門到室內空間的期待感，而在住家門口的玄關走廊鋪滿白玉石，並且設計向外凸式的懸空玄關門廊空間，藉此營造出通往異次元世界的新鮮感。

外牆、白玉石以及同色系的塗料呈現出空間的一體感

漂浮在半空中的玄關門廊

近看或是遠看都像是漂浮在半空中的設計，在玄關走廊的空間內營造出「低調的獨特性」。

POINT1

玄關門廊是以厚度僅6mm的鐵板組裝成「口」字型，與外牆接合的部分則是採用幾乎無法從室內看到接合處的連接方式。所以乍看之下才會像是真的飄浮在半空中一樣。

POINT2

除了地板以外都是採用全白色系的素材，白色外牆再搭配上玄關走廊所鋪設的白玉石，營造出到達玄關前的玄關走廊設計一體感。鐵製的接合面尖銳程度也是經過設計而成。

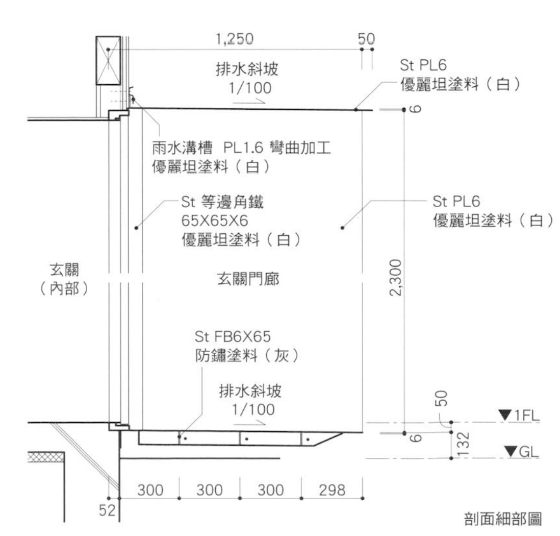

剖面細部圖

與屋頂接合的拱門狀遮陽板

只有大門和遮陽板為拱門狀，此設計能突顯玄關的特徵。室內空間則是能透過斜面屋頂的天花板來接收外部的光線。

通往2樓住宅的玄關走廊

05

擁有絕佳視野並獲得良好通風和採光效果的玄關開口

土地有4m的高低差，從道路上看起來像是單層樓建築的住宅。為阻擋外部視線，而在靠近道路的外牆設置大型窗戶，住家的玄關則是能享受到自然風景，並擁有良好通風及採光的效果。而拱門狀的大門與門廊遮陽板以及長條狀寬屋簷屋頂的組合，更是加深了玄關給人的印象。

POINT1

從住宅外牆上的窗戶可看見周圍的樹木。並藉由玻璃地板來提升與1樓之間的空間連結性。

POINT2

在門框上有裝設紗門，平常是能夠直接將大門打開的開口部設施。

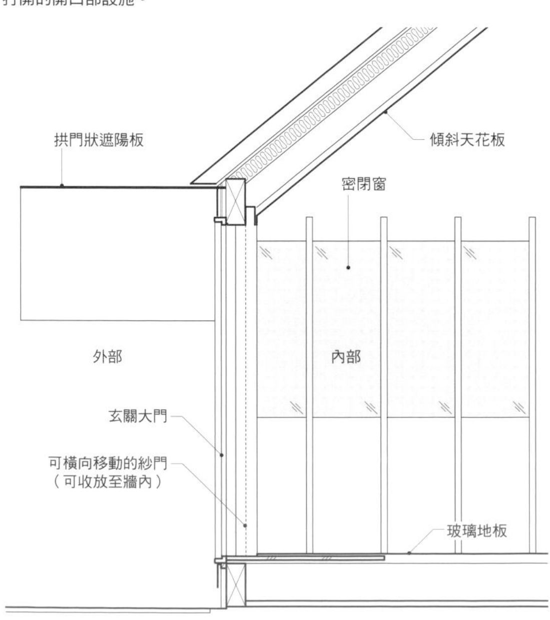

剖面圖（部分）

06

由「緣廊」與「庭院通道」所組合成的玄關空間

玄關的地板與玄關門廊平坦接合，並採用相同的表面覆蓋材，以此手法規劃出在設計上有一體性的「庭院通道」空間。並在住宅設置能將庭院風景納入視線範圍內的開口，以及室內的「緣廊」設施，讓住家的整體空間變得更加寬廣。

與玄關走廊連接的「庭院通道」

方便直接坐下的「緣廊」設計

具備從玄關走廊延伸至土間的「庭院通道」設計的玄關空間，「緣廊」設計可作為讓人方便穿脫鞋子的長椅使用。

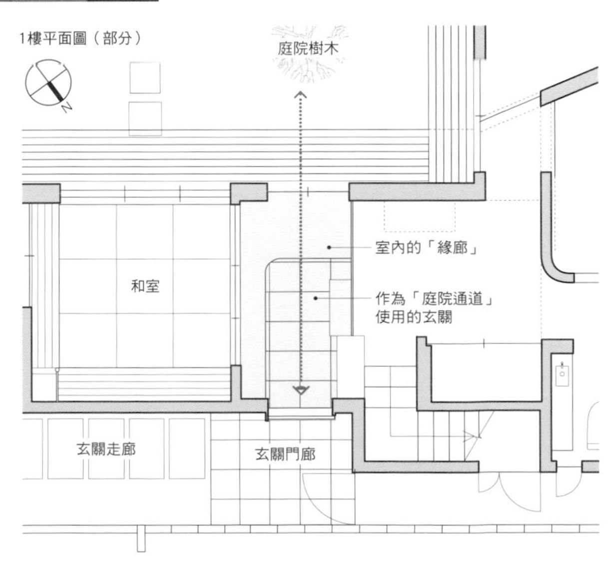

POINT1

從住宅正面的風景窗可看見庭院空間以及樹木，能夠在客人來訪時立即外出迎接。獲得大量光線照射的庭院，則是能讓玄關空間保持明亮。

POINT2

具備「庭院通道」功能的玄關因為設有高度適中的「緣廊」，可用來放置體積不大的物品，還能直接坐下穿脫鞋子，有客人臨時來訪時，在使用上也相當便利。

為保護住家隱私，選擇不在南側設置窗戶，而是透過中庭將光線帶往室內

相當於2坪大的屋簷下方空間

鋪設鍍鋅細長木枝，輪廓鮮明的住家外觀。只要將照片前方的木圍籬門打開，就能成為與中庭連接的一體使用空間。

07

不管天氣好壞都能使用，擁有寬屋簷的玄關門廊空間

玄關前方的寬屋簷空間。左側為同時作為店鋪使用的工作室玄關大門，而右側是住宅的玄關大門，正前方則有通往中庭的木圍籬門。不論天氣好壞都能使用的這個空間，是屋主一家很喜歡的住家場所。

POINT1

建築物將中庭包圍住，呈現「倒匚字型」的住家空間。東側為LDK，臥室則配置在西側，將公共空間與私人空間隔開。不過只要將中庭的窗戶打開，就能讓住家的東西側連接成一體空間。

POINT2

住宅南側因為與鄰居住家距離很近，因此決定不在南側設置窗戶，只透過中庭來提升採光效果。將木圍籬門打開，就能同時使用中庭到停車空間的一體空間。

1樓平面圖

住家門面的玄關空間裝設有杉木紋的木製開關門，後方玄關則是採用玻璃門，打開門後前方視線相當明亮。

08

透過玄關走廊與櫻花樹以及2處中庭空間連接的玄關

由於住宅面向散步道路與行車道路，因此便在面向櫻花樹的地點設置前方玄關，並在車庫設置後方玄關。透過玄關走廊連接2處的室外空間，可以直接相互往來，規劃出便利性相當高的生活動線。

POINT1

走路時是從櫻花樹的散步道路進入住家，開車時則是直接從6m寬的道路進入住家，因此在住家前後方分別設置玄關空間。後方玄關並採用玻璃門，從室內也可以看到中庭風景。

POINT2

前後方玄關的連接動線有屋頂覆蓋，是不論天氣好壞都能方便使用的動線規劃方式。後方玄關也能橫向穿越中庭，前往周圍景觀優美的玄關走廊。

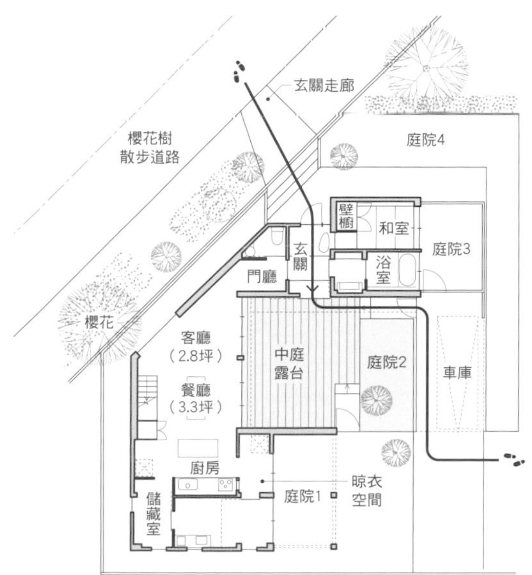

1樓平面圖

09

強調杉木板水泥縫隙陰影的外牆設計

為了讓住家水泥牆能展現出建築物的柔美質感，而花費不少心思在規劃住宅外觀形式，最後決定採用能夠強調陰影美感的外牆設計。縫隙陰影和有深度的木紋模樣能為玄關走廊空間帶來莊嚴感。

會產生縫隙陰影

顯現出杉木板的排列模樣

經過「表面加工」的木板外牆，呈現出有深度的杉木模樣與陰影相互搭配的外牆設計。

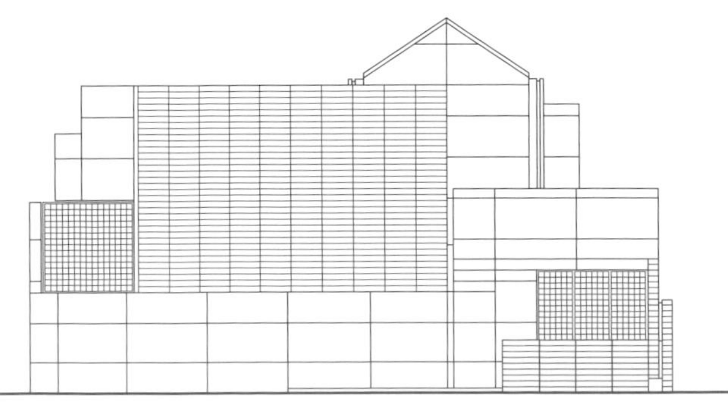

立面圖

POINT1

15mm的杉木板經過「表面加工」，讓木紋更清晰可見。在鋪設所有木板時都留有空隙，成功展現出陰影美感的外牆設計。

POINT2

為了要和對面的水泥牆營造出對比式的外觀，而採用了4種類型的杉木板，以隨機分配方式鋪設於外牆上。

4道山形屋頂營造出室內空間的寬敞深度

寬屋簷側設計所衍生出的玄關門廊空間

4道屋頂以偏離軸心方式排列，呈現越往後方位置越高的外觀設計。寬屋簷不但能保護住家的隱私，也能夠讓室內空間更顯寬敞。

10

4道山形屋頂展現擁有足夠深度的住家外觀

住宅的設色是採用當地木材所搭建而成的堅固住宅骨架，從室內延伸至室外成為寬屋簷。而4道高度及大小都不同的屋頂，則是以偏離中心軸線的方式組裝，讓1棟建築物的外觀看起來好像是好幾棟住宅前後排列的景象。

POINT1

有弧度的圍籬面對街道，展現出柔和的住宅氛圍。建築物的外牆採用磁磚的山形鋪貼方式，打造出讓生活中能感受到「自然氣息」的住家環境。

POINT2

向外凸出的大面積屋簷衍生出有魄力的玄關走廊空間，玄關大門雖然面向道路，但是有將位置往後移，不怕居家隱私會因此曝光。

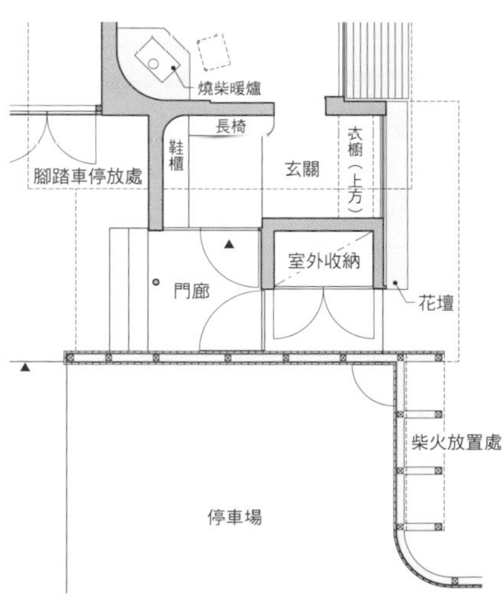

1樓平面圖

11

2代同堂住宅的橫向玄關門採用相同覆蓋材，展現住家空間設計的一體感

1樓為父母居住的樓層，子女則是住在2、3樓空間的2代同堂住宅。兩個世代是共用同一個內凹式的門廊空間，所以是即便是下雨天也可以不撐傘往來兩邊的設計。而連接2邊空間的2道門以及狹窄牆面都是使用相同的木頭覆蓋材，這也成為此棟建築的外觀特色。

選用相同材質的玄關大門以及狹窄牆面

避免雨水噴濺的不鏽鋼板

內凹式空間有相同方向並排的玄關大門，而且中間的狹窄牆面也採用相同的表面覆蓋材，展現設計上的一體感。

POINT1

即便是居住空間完全分離的2代同堂住宅，但由於玄關大門是以共用的內凹式空間連接，所以下雨天也不必撐傘，就能往來兩方的空間。

POINT2

選用能夠與白色外牆相互襯托的柚木原木地板材，是屬於樹種豐富的素材，也具備持久性。另外考慮到腳下的雨水噴濺狀況，所以也特別在下方安裝不鏽鋼板。

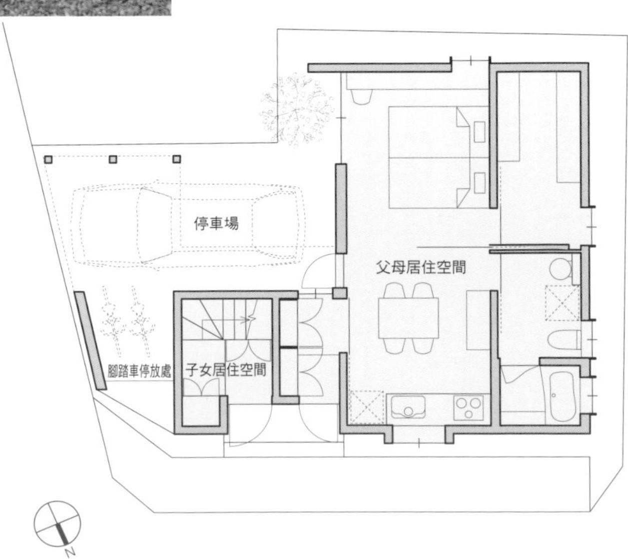

1樓平面圖

利用舊住宅木格窗作為拉門使用

具備良好的採光與通風效果，又能欣賞到綠景的小庭院

底端空間的綠景為面向北側庭院的客廳空間，房間與小庭院是透過細長的走道來連接。

12 能欣賞小庭院綠景的玄關與土間長廊空間

擁有小庭院空間的玄關與土間，同時也具備有能夠接待客人的長廊空間。並利用舊住宅的裝飾用木格窗作為住宅正面的拉門，讓整個空間散發出時尚的日式風格。而被三個方向空間所包圍的小庭院空間，則是有助於提升三個方向空間的採光、通風效果。

POINT1
可用來招待客人的玄關與土間長廊空間，並從三個方向包圍小庭院，是能夠感受到大自然風景的場所。

POINT2
在玄關土間長廊設置約1.25坪大的牆面收納空間，可用來收放玄關周遭的雜物。

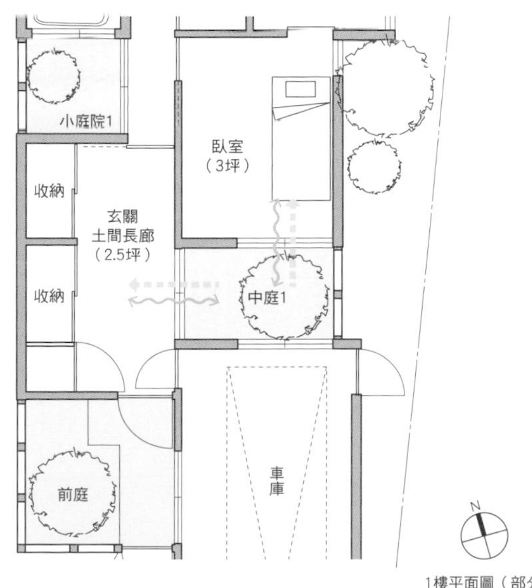

1樓平面圖（部分）

可作為裝飾櫃使用的鞋櫃

從玄關入口要進入LDK時會看到的樓梯設計。並在兼具裝飾櫃功能的鞋櫃下方裝設間接照明燈，營造空間的寬敞感。

13

在有限空間內規劃出擁有豐富設施的玄關

玄關的設施能夠展現出住宅的品質。確保有足夠的收納容量的確是設計時的重點之一，但是為了呈現生活空間的多樣性，所以在規劃上會盡量避免進入住家後會直接看到鞋櫃門的設計，進而規劃出一進家門會先被眼前的裝飾品所吸引的高格調玄關空間。

POINT1

在空間的規劃上有考慮到開關門況，以及窗戶的位置分配，盡量不要讓外部視線能直接看到室內狀態。

POINT2

在玄關正面放置兼具裝飾櫃功能的鞋櫃。為了提升前往2樓公共空間的動線流暢度，而刻意選用收納容量較少，高度較低的鞋櫃設計。

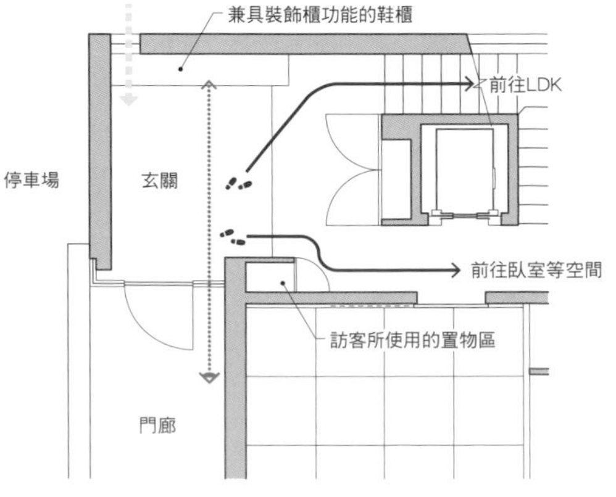

兼具裝飾櫃功能的鞋櫃
前往LDK
停車場
玄關
前往臥室等空間
訪客所使用的置物區
門廊

1樓平面圖（部分）

能夠感受到空間廣度的鏡面牆

從門廳往玄關方向看。因為在牆面設置鏡子，而成功營造出空間的寬敞度。

14 讓中庭與室內空間更顯寬敞玄關土間

給人第一印象的玄關空間，要有收納櫃、全身鏡、長椅，以及能夠接待客人的完備設施等，必須打造成具備多重機能的住家空間。因此利用能夠放置各種尺寸物品的收納櫃，以及全身鏡的配置方式，而讓玄關土間顯得更為寬敞。

POINT1

設置鏡子的牆面能接續視線範圍，感覺空間變得更寬敞。還能幫助光線聚焦而讓牆面保持明亮狀態，也能在外出時查看自己的衣物搭配狀況。而長椅不只能提供坐下休息的場所，也能作為吧台桌使用。

POINT2

約0.75坪大小的鞋子收納壁櫥空間，能完全收放玄關周遭的雜物。還在玄關附近裝設方便使用的大衣掛勾，並擺放能夠展現歡迎客人來訪氣氛的花瓶裝飾。

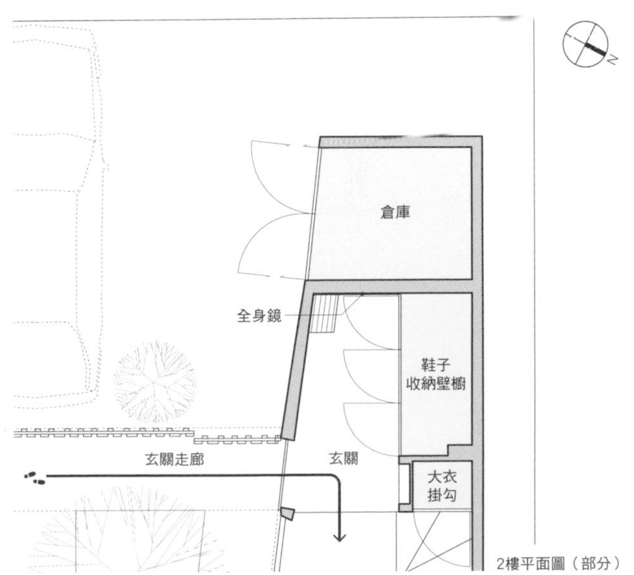

2樓平面圖（部分）

15

引導視線讓空間更顯寬敞，有鋪設地板的玄關土間

「玄關」是能決定住家空間印象的重要場所。由於此住宅的玄關是透過土間與牆面接合，所以是屬於能引導視線直線往前的設計結構。而外觀像是寬廣牆面設計的拉門則是有燈光照射，能夠自然營造出會讓人想持續往前走的氛圍。

視線正前方的牆面

可遮蔽視線並感受空間寬敞度的可動式牆面設計

玄關所看到的前方牆面設計。在從玄關延伸出去的土間以及各個空間設置地板高低差，藉此顯現各個空間的區隔性。

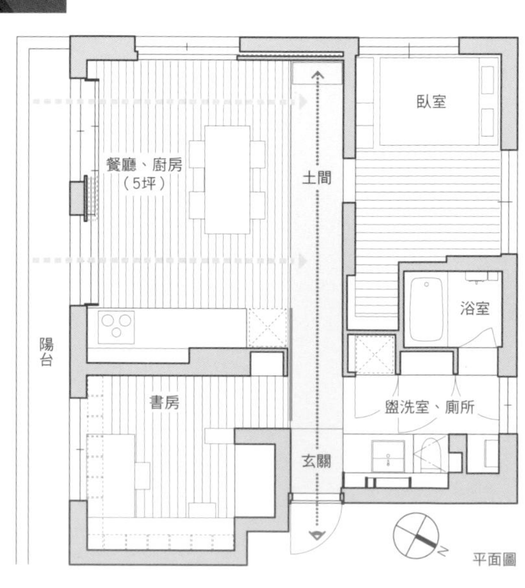

POINT1

平時的書房拉門可作為能大幅移動的牆面來使用，將門打開時會讓廚房範圍有所改變。只要移動拉門就能讓廚房成為被其他空間包圍的場所，開放式的設計能隨意改變空間給人的印象。

POINT2

從玄關衍伸出去的土間能引導視線，可動式牆面的底端空間，則是會因為光線的照射而讓空間更顯寬敞。能感受到光線的照射，但卻無法直接看到光源的設計，能讓人對住家空間產生更多的期待感。

16

匯集家中所有動線的玄關空間必須有方便活動的寬敞度

住家格局採用1樓為各自獨立空間，2樓則是寬敞的活動空間，規劃出所有的住家往來動線都匯集於玄關附近的隔間方式。玄關、走道與樓梯為一體空間的設計，區塊狀場所的移動方式需具備有方便活動的空間格局。

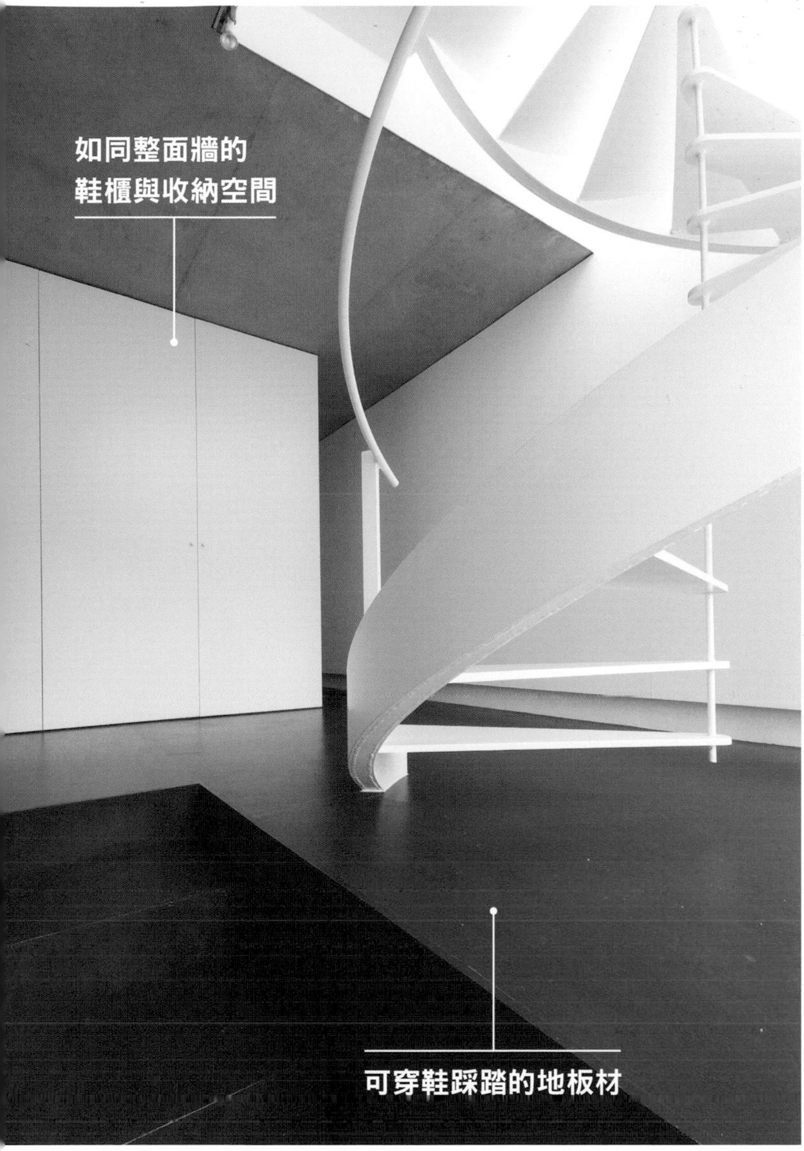

如同整面牆的鞋櫃與收納空間

可穿鞋踩踏的地板材

由於2樓的窗戶具備天窗功能，讓光線能夠透過螺旋梯上方照亮整個玄關空間。

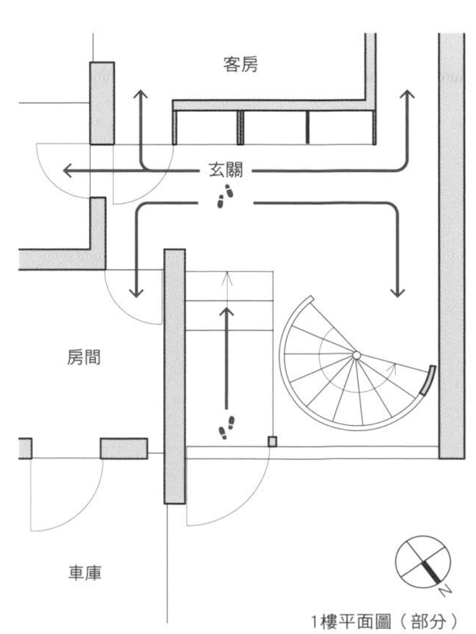

1樓平面圖（部分）

POINT1

土間與室內空間統一採用相同地板材，展現一體空間的寬敞設計感。鞋櫃等收納空間則是以不顯眼的方式設置，並在牆面裝設隱藏式腳燈照明設備。

POINT2

在玄關空間設置有橫木支撐、像藝術品一樣的螺旋梯，樓梯下方則是直接與地板連接，這樣的設計能讓玄關門廳空間更顯寬敞。並在玄關旁邊設置能從室內欣賞到綠景的植栽空間。

主要的玄關設在2樓，並在1樓的相同位置設置側門方便出入。

從客廳能看見玄關走廊的出入口

能以些許的高角度視線眺望庭院風景的平地空間

17 為了要獲得良好的眺望視野，而決定將玄關走廊設在2樓

與隔壁土地隔著湖泊對望的住家，從2樓的玄關走廊空間能眺望一大片風景。具備良好視野範圍的玄關走廊空間，也能作為回家後轉換心情的放鬆空間。

POINT1

經由庭院空間的視線穿透設計，不但能隨時從室內得知住家的出入情況，也能查看在進出時住家內部的狀態。

POINT2

走上露台門扇前的屋頂樓梯時會通往客廳外的平地空間。走上2樓則是能越過鄰地欣賞到美麗的湖景，露台下方有距離較遠的車庫空間。

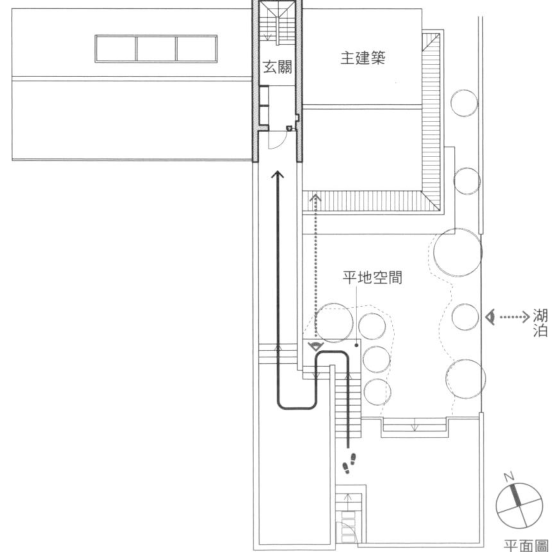

打開拉門後能與小孩房連接成一體空間

走道形狀的玄關空間，可作為一部分的房間空間使用，土間走道具備多功能用途。

18 成為一部分小孩房空間的土間走道玄關

住家的玄關有1.5m寬的土間走道空間，可連接庭院與住宅底端的晾衣空間。由於玄關空間相當寬敞，因此衍生出能多方使用的中間地帶大空間。而且只要將小孩房的房門打開，便能和土間結合成一體空間。由於住家內有能夠隨情況變化來使用的場所，所以會感覺能實際使用的空間，遠比原有的住家面積還要更為寬敞。

POINT1

土間走道形式的玄關空間貫穿住家的南北側，連接露台與晾衣空間。將拉門關上，土間空間則是能立刻變身為盥洗更衣室空間。

POINT2

小孩房可透過拉門的開關來決定與土間空間的連接或是分開關係。

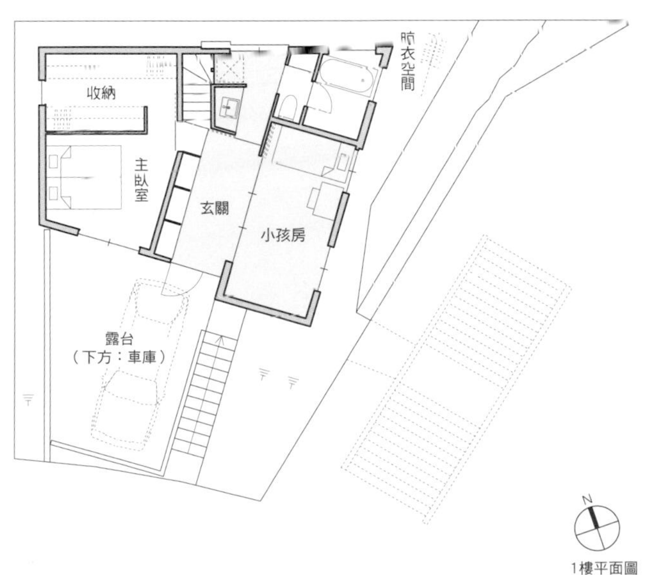

1樓平面圖

Chapter 8

善用每一處的移動空間

01

挑高空間的懸空樓梯決定客廳給人的印象

在面向南側的挑高大開口旁邊設置立體式的鋼製鏤空踏板樓梯。因為樓梯位置是在室內視線前方的開口處，所以樓梯本身也成為室內空間的一部分裝潢。並將樓梯的扶手與支架塗上深色塗料，營造出只有樓梯踏板飄浮在空中的視覺感受。

樓梯踏板好像飄浮在半空中

樓梯旁有寬敞的露台空間

連接寬廣開口的樓梯，配合挑高空間
規劃出最適合的上下樓距離。

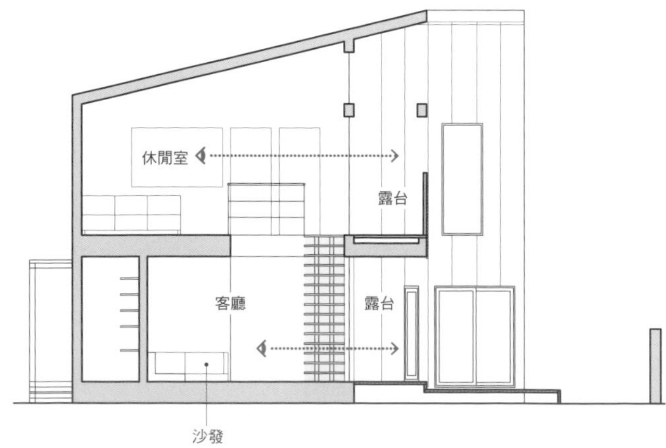

剖面圖

POINT1

從客廳到露台方向有挑高空間，而讓空間擴大變成2層樓高。因為降低了沙發上方的天花板高度，就更能突顯空間的拓寬程度。

POINT2

在客廳的大型窗戶旁設置樓梯，而讓挑高空間與室外空間連成一體的寬廣空間，打造出能享受上下樓樂趣的設計氛圍。

通往樓上的私人空間

能夠清楚掌握客廳與書房內狀況的廚房空間

廚房內所看到的客廳。由於客廳地板比廚房還要高70cm，而產生有擺放家俱裝潢空間的效果。

02 連接室內空間的螺旋狀延伸樓梯設計

由於住宅土地範圍內有高低差，可以採用跳躍式樓板設計，在確保有足夠地板面積空間的狀態下，解決高低差以及高度限制問題。整個住家空間是由上層的私人空間，以及螺旋狀的高低差樓梯空間所組成。從住宅的最高樓層能夠往下俯瞰鄰近的廣闊綠地風景。

POINT1

以畫圓方式利用螺旋樓梯與樓上空間連接的住家格局，樓梯間的部分則是成為挑高空間，有助於將樓上光線帶往樓下空間。還能提升住家整體的通風效果。

POINT2

從餐廳和廚房可直接看到客廳與書房空間，即便在忙著做菜時，也能隨時掌握家人的動向，並選用與客廳之間地板高低差高度一致的餐桌。

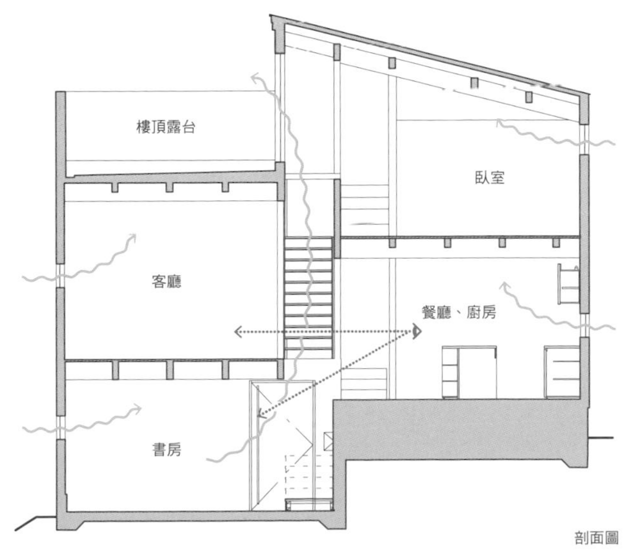

剖面圖

03

與牆面結合成一體的白色單邊扶手樓梯，能將視線引導至水池區

玄關是擁有2層樓挑高的寬敞舒適空間，一旁的單邊扶手鏤空樓梯則是能誘導視線往更底端的空間方向看去，越過玻璃窗直達水池區。塗白的鋼製樓梯存在感並不高，展現出簡單細緻的設計風格。

營造空間寬廣度與開放感的挑高空間

不強調存在感的設計，還能引導視線往底端空間看去，有效提升視覺上的空間廣度

由2層樓挑高所組成的玄關門廳空間，一旁還有白色的鋼製單邊扶手樓梯。讓視線能直接穿透的空間規劃方式，成功營造出空間的寬敞度與開放感。

POINT1

存在感相當低的白色鋼製樓梯能引導視線到達玄關門廳底端的水池區，讓空間產生視覺上的增廣效果。而水池區的水面光線反射，以及水面晃動都能讓人感覺空間變得更加寬敞。

POINT2

木工收納架上可擺放陶藝作品等物品。因為特別規劃出能擺放收藏物或作品的收納區空間，而讓玄關搖身一變成為藝廊式的展示空間，成為用來展示嗜好作品的場所。

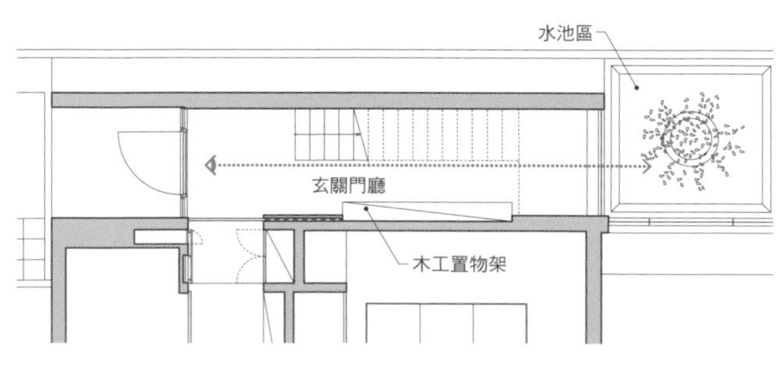

平面圖

書櫃區空間

面向挑高的書房

不會妨礙空間
彼此串連的扶手設計

同屬移動空間的走道與樓梯空間，經由跳躍式樓板的串聯，而成為與LDK內的客廳、走道與樓梯等移動空間互相連接的一體化立體大空間。

04

利用跳躍式樓板與挑高空間 將移動空間納入LDK範圍

住宅內的生活中心是擁有挑高空間的廚房，客廳則是在旁邊半層樓高的位置，接著再增加半層樓高度，就會看到面向挑高空間的角落書房。住宅內採用跳躍式樓板設計，並藉由挑高將所有空間串聯在一起，打造出家人間彼此溝通順暢的立體式無隔間寬敞住家環境。

POINT

客廳與餐廳有共用天花板，並採用相同的裝潢風格。2個空間透過跳躍式樓板與挑高空間連接，成為可作為家人歡聚場所的立體式大空間。此規劃方式不僅能保護住家隱私，還能促進通風效果，增加家人彼此的對話機會。

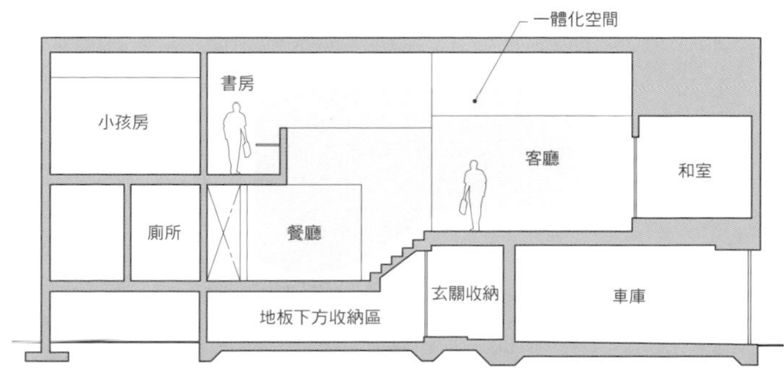

剖面圖

能夠遮蔽鄰居視線的外牆

提升空間寬敞度的地窗

天窗的採光效果良好，讓空間更顯寬敞，並增設地窗設計，讓容易顯得昏暗的樓梯下方空間能保持明亮，還能有效提升地板面積的寬廣度。

05 狹小住宅可利用螺旋梯以及窗戶配置來讓空間變寬敞

狹小住宅的樓梯不只要能上下樓，還必須在設計上下工夫，想辦法增加空間的廣度。此住宅是採用能有效利用空間的螺旋式樓梯，還在容易顯得昏暗的樓梯下方設置可提升採光效果的地窗，並設置能夠遮蔽鄰居視線的外牆，讓整個空間變得寬敞許多。

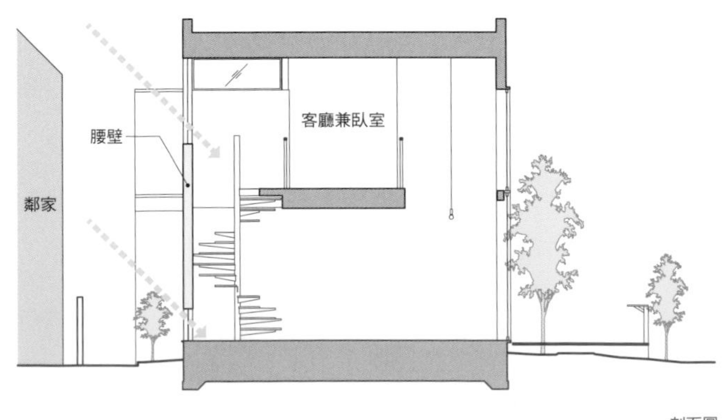

剖面圖

POINT1

挑高空間有助於將天窗光線以垂直方式傳遞至室內，至於安裝在地板上的地窗光線，則是能讓光線以水平方向擴散開來。

POINT2

中間的腰壁設計能遮蔽鄰居住家，視線的上下移動還能感受到室內空間的廣度。

樓梯的功能性不高，只能算是強調特色的象徵性樓梯設計

不具備實質功能的樓梯，象徵意義大於實際用處。並採用鏤空式樓梯設計，視線能直接穿透樓梯下方。

06

功能性不高的「樓梯」設計成為樓頂庭院的特色

作為遛狗空間以及大廈頂樓使用的樓頂庭院。在中央的水池上方所搭建的玻璃裝飾建築，到廚房之間有傾斜的樓梯連接，樓梯踏板有40cm寬，足夠的面積大小讓主人和寵物狗都能方便行走，雖然「樓梯」本身並不具備實質功能，但還是能成為樓頂庭院的象徵性設施。

POINT1

直接連接樓頂庭院與樓上廚房空間的樓梯也能作為側門使用。

POINT2

有水池與綠景搭配，能享受大自然四季變化的樓頂庭院空間。成為可提供2隻大型狗散步的迴遊式動線空間。

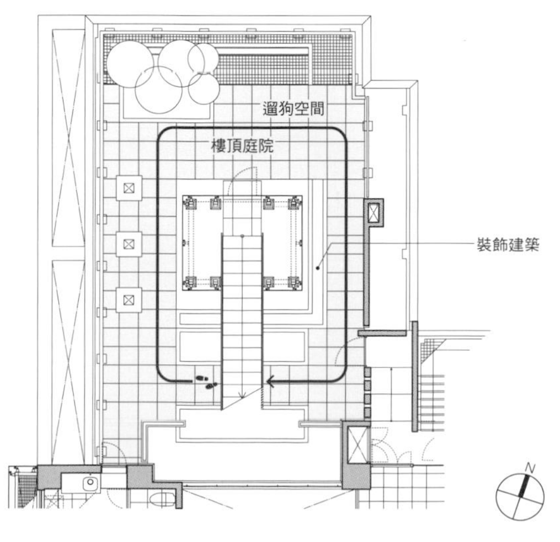

平面圖（部分）

裝設樓梯前板降低行走時的恐懼感

可越過客廳、餐廳空間的樓梯看到中庭。以松樹古木為中心，再搭配上其他新種植的植物盆栽，打造出充滿靜謐氛圍的中庭空間。

07

能吸引視線看往中庭的輕巧直角樓梯設計

為了不破壞客廳空間的開放感，樓梯側邊採用切割成直角狀的鋼板，打造出無壓迫感，能展現藝術風格的輕巧樓梯外型。樓梯扶手則是採用視線可直接穿透的設計，可以直接欣賞到中庭景觀。

POINT1

為了保有與書房連接的客廳落地窗採光與通風效果，而將樓梯位置規劃在窗邊。白木的樓梯踏板與前板，搭配上黑色的鋼板，呈現出對比式的美感，也成為點綴空間的裝飾品。

POINT2

因為是屬於平緩連接的傾斜直行樓梯，而造成直角型的側邊會產生搖晃問題，因此在接近中央的前板裝設鋼板，以牆內樑柱形式來避免樓梯出現晃動情形。

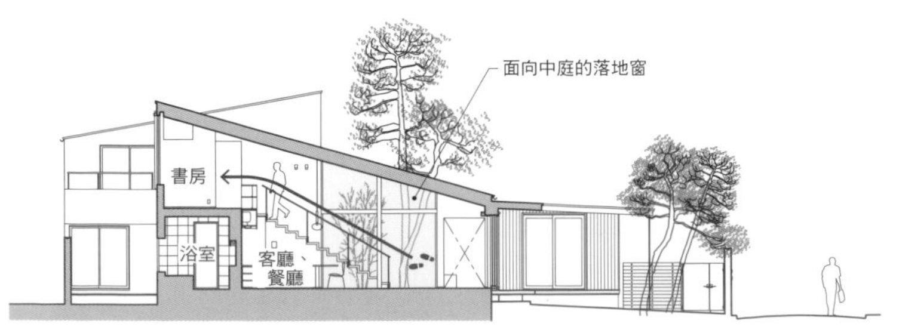

剖面圖

08 經由挑高和樓梯進入客廳空間的柔和光線

樓梯是一整天都會經過的活動路線地點，所以如果能在移動時產生期待和感動情緒，都能為生活增添豐富感。此住宅不僅僅只是將樓梯當作是移動空間，將樓梯位置設在面向客廳、餐廳的挑高空間內，讓樓梯本身成為空間的主角。而鏤空踏板的樓梯設計，則是有助於將樓梯間窗戶的柔和光線引導至室內空間。

視覺上引人注目的連接架橋設計

花旗松表面的鋸齒狀豐富木紋

樓梯成為能劃分「看得到（樓梯和架橋的引導路線）」與「看不到（用水空間出入口和隱身於牆面的開關門）」的動線空間主角。

POINT1

採用只有踏板的鏤空樓梯，樓梯間窗戶的光線可照射到客廳、餐廳，讓整個空間保持明亮開放。

POINT1

樓梯是從客廳、餐廳往書房平面延伸的立體挑高公共空間，也是連接上下樓層的主要設施。

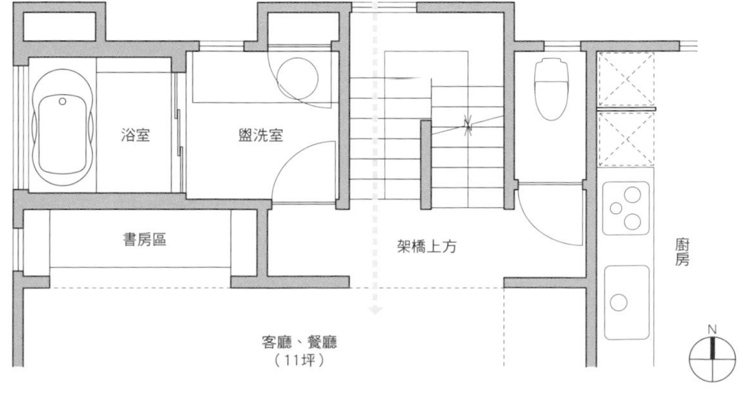

平面圖（部分）

09

將公園綠景和都市風景納入視野範圍，充滿戲劇氛圍的玄關門廳空間

打開玄關大門眼前就是都市公園的綠景，擁有廣闊的眺望視野，並展現高規格裝潢風格的樓梯門廳空間。樓梯結構本身相當堅固，使用鋼鐵所打造出的細長型樓梯，成功將室外風景帶入室內空間。

內部裝設鋼板的樓梯踏板

能眺望都市街景與公園綠景

32mm寬的鋼製結構樓梯邊緣

玄關所看到的樓梯門廳空間。32mm寬的直角細長鋼製樓梯邊緣，搭配上無前板的螺旋梯設計，可以直接讓視線穿透看到室外風景。RC構造牆面則是鋪滿凹凸組裝的杉木板。

POINT1

2層樓高的挑高樓梯空間是玄關的門面，也成為住家的設計標的物象徵。

POINT2

玄關與門廳之間以拉門作為隔間，區分私人與公共空間，也能得到與都市風景曖昧連接的效果。

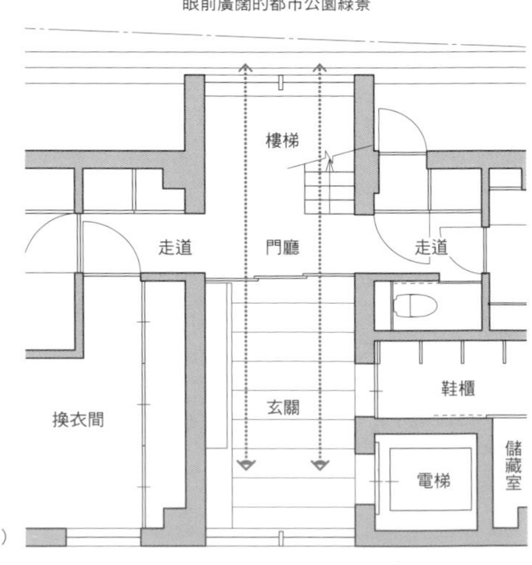

1樓平面圖（部分）

區隔房間與樓梯空間的玻璃牆面是採用能夠下放的捲簾式設計。

10 利用天窗增加採光，能夠栽種植物的樓梯門廳

樓梯上方設有天窗與閣樓空間，展現亞洲渡假飯店風格與觀賞植物特色的住家。為了讓天窗光線能擴散至住家的中心部，選擇在有光線照射的挑高處設置樓梯門廳，並採用無前板的鏤空踏板樓梯設計，閣樓的地板則是選用能透光的素材。樓梯下方沒有設置結構地基，而是用來種植觀賞植物的舒適生活空間。

POINT1

在住家中心設置能夠接收天窗光線的玻璃樓梯門廳空間，光線可透過無前板設計的鏤空踏板樓梯與挑高處擴散至室內的各個空間。

POINT2

樓梯下方的植栽區沒有設置結構地基，而是利用此空間來栽種觀賞植物。雖然是因為屋主很喜歡觀賞植物，而提出的設計構想，但是卻營造出比想像中更有活力的生活環境氛圍。

剖面圖

11

讓小面積空間變寬敞的網狀踏板透光樓梯

由於室內空間面積有限，為確保房間與盥洗室與通往2樓的動線流暢度，以及擁有足夠的收納空間，而規劃出的玄關土間。想要打造出明亮且舒適的玄關空間，而決定採用網狀踏板設計的透光樓梯。這樣的樓梯設計不會造成空間的壓迫感，還能將樓梯下方以及踏板空間當作是裝飾區來使用。

光線能穿透的網狀踏板樓梯設計

樓梯踏板以及下方空間都能作為裝飾區使用

在玄關旁邊的樓梯空間。能夠接收上下窗戶照射光線的透光網狀踏板樓梯，存在感並不明顯。

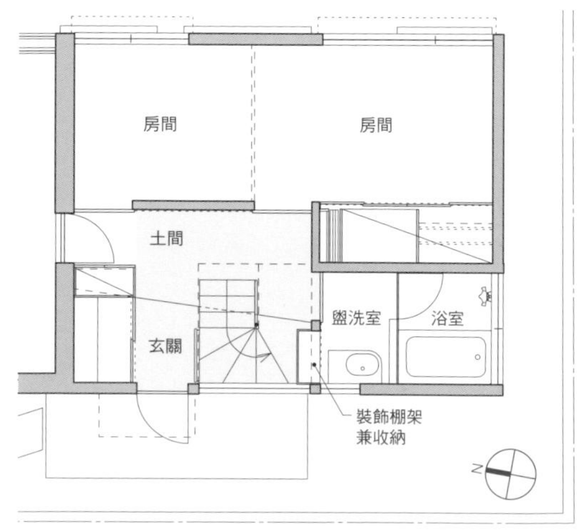

1樓平面圖（部分）

POINT1
網狀的踏板樓梯設計由於能夠讓光線與視線直接穿透，所以會感覺玄關空間變得寬敞許多。

POINT2
樓梯下方為開放式空間，並與玄關土間連接。至於盥洗室收納區內側空間，則是能用來作為裝飾棚架等方式使用。

12

有很多小房間的都市住宅可利用拉門裝置來提升走道的通風性

若是在住家裝設過多的窗戶，不但會有大筆支出，同時也會造成住家空間的熱能負擔。大部分一開始就會規劃出很多小房間空間的都市住宅，應該在經常將拉門保持開啟，以及能藉由其他空間來提升通風效果為前提的狀態下，再來思考該如何規劃住家的環境。

經常會使用到拉門裝置的走道

經常會使用到拉門裝置的走道空間，採用懸掛方式設置方便的開關。沒有門框的設計，讓整個空間看起來相當整齊俐落。

POINT1

除了有客人來訪等特殊狀況外，平常大多都是將拉門開啟的狀態，這樣能確保其他空間的通風效果。由於住宅土地為東西向，與鄰居住家距離相當近，所以只能裝設少量的窗戶，大部分窗戶都是集中在面向前方的南北兩側。

POINT1

由於走道空間僅有76cm寬，可利用無框拉門設計來營造出空間的整齊俐落感，並不會給人留下空間狹小的印象。將所有的拉門都開啟，就成為獨特的扇形大空間。

1樓平面圖

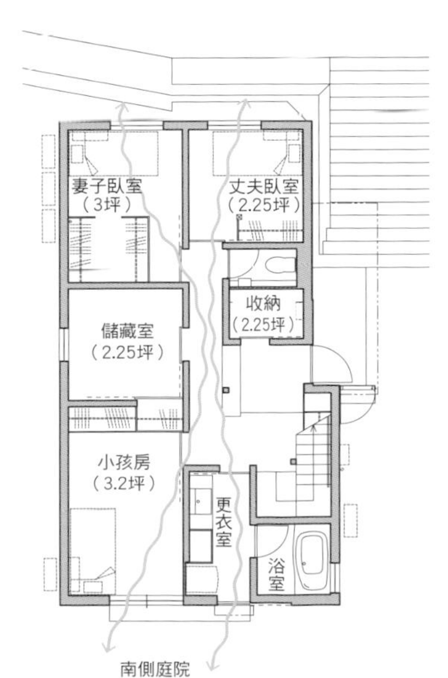

13

在方便使用的生活動線上 設置大型的閣樓收納空間

為了要在有限面積內確保有足夠的收納容量，而決定在臥室下方設置閣樓收納空間。但若是採用一般的閣樓空間規劃方式，那就會偏離生活動線，使用上相當不便。因此便在日常動線的延伸空間設置有效的收納，雖然只是衍生空間，但對小孩來說是很適合做為遊樂場使用的空間。

避免從臥室摔落的扶手設計

閣樓收納空間

善用樓梯下方作為收納空間

通往臥室的樓梯周邊環境，可從廚房內直接看到臥室與閣樓收納空間。

POINT1

為了在有限空間內保有足夠的收納空間，而降低臥室空間高度，在下方設置了1.4m高的大型閣樓收納空間。因為空間位置正好在生活動線上，使用次數相當頻繁。

POINT2

臥室和閣樓收納空間都是採用拉門設計，除了睡覺以外的時間，基本上都是呈現開放狀態，並與地板連接成一體空間。

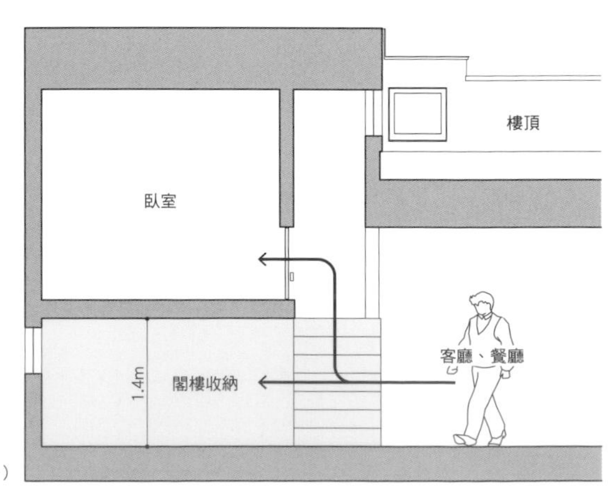

剖面圖（部分）

14

玄關的一整排窗戶能欣賞到周圍森林景觀，感受大自然的四季變化

樓上樓下空間分別為不同用途，同時是牙科診所的住宅空間。而為了加深建築物各個部分都屬於同一棟住宅的印象，便決定設置留有空隙的玻璃地板。走道空間則是能透過沿著傘狀斜面屋頂配置的天花板與周圍窗戶，以及連續性的2×4工法樑柱等設計的多方要素，來塑造出建築物最明顯的特徵。

橫向空隙窗戶設計

連接上下樓空間的玻璃地板

為了讓住家保有能眺望周圍森林景觀的良好視野範圍，而在1、2樓都設置沿著外牆的走道空間。

POINT1

玄關內連接上下樓層的玻璃地板，以及建築物周圍橫向空隙配置的窗戶，都是能讓視線直接穿透的設計，能有效提升空間的開放感。

POINT1

為了讓連接玄關到LDK以及1樓走道空間能保持明亮，而採取朝外開放的配置方式。長條狀空間的外牆也能作為收納空間使用，外牆連續性的2×4工法樑柱則是能有效提升空間的一體感。

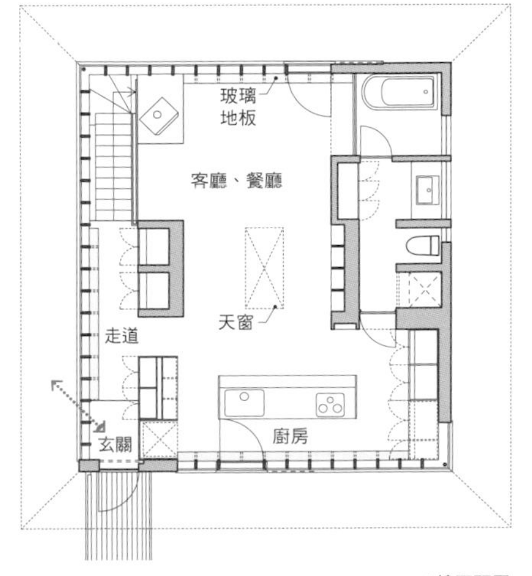

2樓平面圖

挑高空間前方
有擺放鋼琴與沙發

利用牆面搭建的書櫃

讓書櫃空間保持明亮的窗戶

從樓梯走上來會看見左手邊長約5.4m的書櫃，前方是小孩房間，右手邊是廁所和盥洗室，往前走到底則是臥室空間。

15

利用長走道的牆面打造藏書空間

由於要進入2樓房間時一定會經過走道空間，於是便在此處設置了家人能隨時翻閱書籍的大型書櫃，前方則是小孩房以及用來擺放沙發與鋼琴的遊戲室空間。而這條長走道也能有效促進室內空間的空氣流通。

POINT1

在通往房間的走道動線上設置所有家人都能使用，高度到達天花板的書櫃作為藏書空間，打造出家人能共享圖書資源的住家場所。

POINT2

在這條通往臥室，且面向連接客廳的挑高空間動線上擺放沙發與鋼琴，讓走道空間不只具備往來功能，也能作為遊戲場所使用。

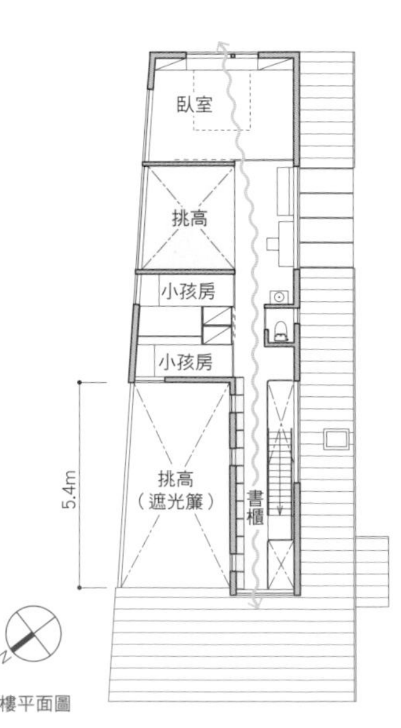

2樓平面圖

可往牆面收放的書桌

方便直接坐下的地板加高區

客廳所看到的走道與加高區空間。地板加高的房間能藉由可動式隔間和客廳連接成一體空間，走道上的書桌也能靠近牆面收納。

16

在寬敞的走道設置可收放式的吧台桌，成為住家的多用途空間

將光線能照射到的地點設為LDK空間。由於保留了還算寬敞的走道作為清洗區以及讀書的多用途空間使用，而成為能有效利用空間的住宅。並利用地板高低差以及開關門的設置作為整個大空間的隔間方式，打造出適合生活的舒適住家空間。

POINT1

連接玄關與陽台的走道能夠展現出室內空間的深度，並在牆面設置了可作為書桌或是家事作業台使用的收放式吧台桌，不使用時可直接靠近牆面收起。

POINT2

因為以直線方式配置陽台、LDK、走道以及玄關空間，而成為東西向通風性良好的住家。有大量太陽光照射的陽台則是能夠將光線帶進客廳空間內。

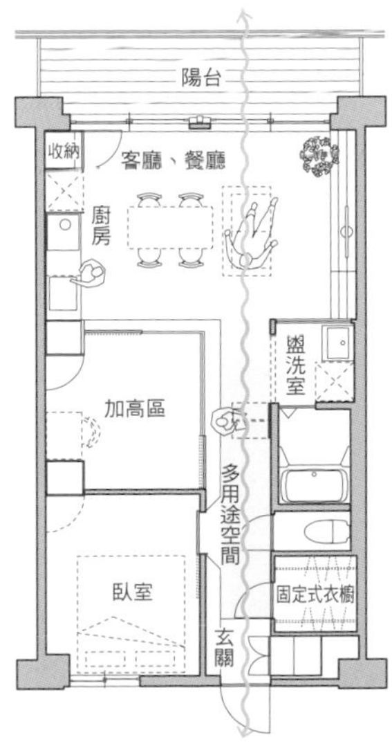

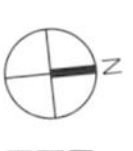

平面圖

作者檔案

田園都市建築師協會 http://denen-arch.com/

2011年成立，協會辦公室位置在Tama-plaza，以提升住家環境品質的提案與提供相關服務為目的，每個週末都會進行建築討論會議，並定期舉辦相關活動，以成為田園都市住家設計規劃的意見交流園地為目標，而存在的建築師協會組織。從Tama-plaza站下車步行3分鐘即可抵達。

住家環境設計意見交流區（田園都市建築師協會辦公室）

〒225-0003 横浜市青葉區新石川3-15-16　Medical Mall Tama Plaza 1F　TEL 045-912-3456

青木律典 青木律典建築設計Studio

http://www.norifumiaoki-studio.net

1973年在橫濱市出生，畢業於Design Form建築設計Studio。先後任職於日比生寬史建築計劃研究所、田井勝馬建築設計工房，在2010年成立青木律典建築設計Studio。以川崎、橫濱、町田、多摩為中心，活躍於全日本的新屋、舊屋翻修工程等眾多領域。並於2011年擔任Design Form建築設計Studio的約聘講師。

作品刊載頁／P35、68、84、100、101、136

秋田 憲二 HAK Co.,Ltd

http://www.hak-web.com/

1955年在山口縣出生，畢業於芝浦工業大學建築工業科。1987年成立秋田憲二建築設計工房，並在2004年更名為HAK Co.,Ltd。主要承接個人住宅、集合住宅、合作住宅等住家環境設計案件，也提供醫療中心、診所等醫療的相關企劃、立案以及完成後的營運狀況管理服務。

作品刊載頁／P11、31、38、52、59、60-61、66、77-78、105、112、114、117、147、120-121、125-126、144、155

遠藤 誠 遠藤誠建築設計事務所

http://www.m-endo-net/

1968年出生，畢業於日本大學理工學部建築學科，並修完同所大學的研究所課程學分。曾任職於坂倉建築研究所，之後在2009年於杉並區荻窪成立遠藤誠建築設計事務所。以個人住宅為中心從事設計相關活動，曾在2006年擔任明星大學的約聘講師，接著在2011年擔任日本大學的約聘講師。

作品刊載頁／P08、24、40、57、86、116、123、132、148、153

大澤和生 Mars Planning大澤設計事務所

http://www.mars-arch.com/

1967年在東京出生，1986年畢業於桑澤設計研究所。1986年進入株式會社元木環境企劃工作，接著在1988年進入Mars Planning塚原濱田設計事務所。在1997年成立Mars Planning大澤設計事務所，並於2008年以Mars Planning共同會社身分取得法人化。主要從事住宅到商業大樓等設計相關活動。

作品刊載頁／P9、16、49、37、46、47、51、55、79、97、111、113、118、134、154

木內厚子 STUDIO 8

http://www.arch-studio8.com/

1971年在長野縣出生，1994年畢業於日本大學理工學部海洋建築工學科。1997年完成東京藝術大學建築學科修士課程，同年進入佐藤光彥設計事務所工作。接著在1998年轉職到飯田善彥建築工房，之後在2002年成立STUDIO 8。2007年擔任日本大學理工學部約聘講師，2009年則是擔任東洋大學生活設計學部的約聘講師。

作品刊載頁／P13、29、53、63、65、151、152、156

桑原 茂 桑原茂建築設計事務所

ttp://www.swerve.jp/

1971年出生，1994年畢業於東京都市大學建築學科。1996年從南加州建築大學研究所畢業，接著在1997年從哥倫比亞大學研究所畢業。2000年先後進入紐約的建築設計事務所Greg Lynn Form以及SHoP工作後回到日本國內。並在2003年成立桑原茂建築設計事務所，主要負責個人住宅的設計相關活動。並擔任東京都市大學約聘講師以及明治大學兼任講師。

作品刊載頁／P14、18、21、139

田井勝馬 田井勝馬建築設計工房

http://www.tai-archi.co.jp/

1962年在香川縣出生，畢業於日本大學理工學部建築學科。曾任職於戶田建設設計部，並在2001年成立田井勝馬建築設計工房。從事個人住宅、集合住宅、業務、醫療設施到都市設計等多領域的設計活動。2005年擔任日本大學理工學部建築學科約聘講師。

作品刊載頁／P6-7、15、19、27、62、102、130、150

高橋隆博 ATELIER秀

http://www.a-shu.co.jp/

1964年在橫濱出生，畢業於日本大學理工學部建築學科。拜納賀裕嗣先生為師，並進入一色建築事務所工作，接著在1995年成立ATELIER秀（2006年法人化）。以自身在美國的經驗針對住宅、商業、教育、醫療等各領域的設施提出最適合的工法，設計出能歷久彌新的建築。

作品刊載頁／P36、149

中尾英己 中尾英己建築設計事務所

http://www.nakao-architect.co.jp/

1967年在東京出生，畢業於東京理科大學，並完成同所大學的研究所修士課程。1999年在九段下成立中尾英己建築設計事務所。到現在則是針對個人住宅、租借住宅、托兒所、幼稚園、事務所大樓、店鋪、設計翻修工程等領域，以「簡單形式的設計」為主題來進行跨領域的設計活動。

作品刊載頁／P34、41、75、108

長崎辰哉 HARETOKE

http://haretoke.co.jp/

1971年在橫濱市出生，畢業於東京大學工學部建築學科，並完成同所大學的研究所修士課程。曾經在岡部憲明Architecture Network・milligram architectural studio工作，並在2009年成立HARETOKE。主要負責住宅以及醫療設施等全日本設計相關活動案件，還透過木材地產地銷計畫來舉辦日本森林守護活動。在2011年擔任東京電機大學、東京理科大學的約聘講師。

作品刊載頁／P12、17、58、67、71、85、91、127、131

前川 哲 前川哲建築設計事務所

http://www.mkwaa.com/

1977年在愛知縣出生，1999年從東京理科大學理工學部建築學科畢業，並在2001年完成東京大學研究所新領域創成科學研究科學業。曾進入椎名英三建築設計事務所工作，在2004年成立前川哲設計建築事務所。

作品刊載頁／P33、42、54、70、93、96、115、137、138

松田毅紀 HAN環境・建築設計事務所

http://www.han-arc.com/

1965年出生，麻布大學獸醫學部獸醫學科肄業，畢業於東京職業訓練短期大學校。1996年進入HAN環境・建築設計事務所工作，並在2011年擔任事務所代表。抱持永續空間設計的理念，以住宅、集合住宅為中心，進行環境共生建築的提案活動，並擔任設計監工。

作品刊載頁／P22-23、32、39、50、73、87、88、92、99、103、104、133、145

宮崎俊行 宮崎建築設計事務所－miyaken

http://miyazaki-aa.jp/

1972年在長野縣出生，畢業於早稻田大學理工學部建築學科。先後進入伊藤寬 Atelier、內藤廣建築設計事務所工作，並在2007年成立宮崎建築設計事務所－miyaken。目前將工作目標設定在個人新居住宅設計與翻修設計，以及商業到研究設施範圍內的設計活動，希望能夠創作出「歷經歲月仍然屹立不搖的建築」。

作品刊載頁／P107、122、146

山田悅子 atelier etsuko一級建築士事務所

http://www.a-etsuko.jp/

1976年在兵庫縣出生，從廣島工業大學環境設計學科畢業後，接著進入荷蘭的研究所與設計事務所，在海外待了5年之後。並在2007年成立atelier etsuko一級建築士事務所，以如何規劃出光線充足且通風效果良好的住家環境為課題，針對新居設計、住宅翻修設計領域，思考各種風格的設計。

作品刊載頁／P25、26、30、43、48、56、64、69、72、74、76、80、94、95、98、106、109、110、140、141

吉田 立 RITSU DESIGN建築設計事務所

http://www.ritsu-design.com/

1972年在橫濱市出生，1996年畢業於工學院大學都市設計學科谷口研究室。2002年成立RITSU DESIGN建築設計事務所，以設計出有露台空間的住家為主題，進行以個人住宅為主的設計活動。近年來也積極接觸有關獨棟建築的全整修工程～中古住宅流動化的議題內容。

作品刊載頁／P10、20、28、45、81、89、124、128、142、143

藤井千晶＋井崎 惠 andfujiizaki一級建築士事務所

http://andfujiizaki.jp/

藤井千晶／1982年出生，2005年完成東京理科大學理工學部建築學科課程。2005年～2011年進入Arts&Crafts建築研究所工作，在2011年於墨田區成立andfujiizaki一級建築士事務所。以個人住宅與商業設施為中心在從事相關設計活動。

井崎 惠／1982年出生，2005年完成東京理科大學理工學部建築學科課程。2005年～2011年進入Arts&Crafts建築研究所工作，並在2011年於墨田區成立andfujiizaki一級建築士事務所。以個人住宅與商業設施為中心在從事相關設計活動。

作品刊載頁／P44、90、119、129、135、157

照片提供

atelier etsuko一級建築士事務所＝P72（左）、80、106、110 ／ andfujiizaki一級建築士事務所＝P157 ／ 石黑 守＝P13、29、63、151、152、156 ／ 石田 篤（IPS）＝P35、68、84、100、101、136 ／ 上田 宏＝P38、53、59、65、112、144 ／ 遠藤誠建築設計事務所＝P08、57、123、132、148、153 ／ 延藤 學＝P78、105 ／ 太田拓實＝P14、18、25、26、31、64、76、98、109、117、120-121、126、155 ／ 小川泰祐＝P130 ／ 大澤誠一＝P6-7、15、19、27、62、102、150 ／ 桑原茂建築設計事務所＝P21 ／ 齊藤 慎＝P55、97、111、134、154 ／ 白木祐二＝P52、60-61、66、114、147 ／ 多田昌弘＝P43、56、69、74、94-95、140-141 ／ 中尾英己建築設計事務所＝P34、41、75、108 ／ 島村鋼一＝P138 ／ Nacasa & Partners＝P11 ／ 畑 拓＝P44、119、90、129、135 ／ 林 安直＝P122 ／ HAN・環境建築設計事務所＝P103 ／ 細矢 仁＝P77、125 ／ 前川哲建築設計事務所＝P33、42、54、70、93、96、115、137、138 ／ Mars Planning共同會社＝P16、79、113、118 ／ 水谷綾子＝P22-24、40、50、73、82-83、86、104、116、145 ／ 宮崎建築設計事務所＝P107 ／ 村田雄彥＝P10、20、28、45、81、89、124、128、142、143 ／ 諸角 敬＝P37 ／ BAUHOUSE＝P46-47、51 ／ Photo Works＝P36、149 ／ ReBITA＝P30、48、72（右）／ 吉田 誠＝P9、39、49 ／ 矢野紀行＝P12、17、58、67、71、85、91、127、131 ／ 渡邊信光＝P32、87、88、92、99、133、146

TITLE

大師如何設計：136種未來宅設計概念

STAFF

出版　瑞昇文化事業股份有限公司
作者　田園都市建築家協會
譯者　林文娟

總編輯　郭湘齡
責任編輯　黃美玉
文字編輯　黃思婷
美術編輯　謝彥如
排版　二次方數位設計
製版　昇昇興業股份有限公司
印刷　桂林彩色印刷股份有限公司
法律顧問　經兆國際法律事務所　黃沛聲律師

戶名　瑞昇文化事業股份有限公司
劃撥帳號　19598343
地址　新北市中和區景平路464巷2弄1-4號
電話　(02)2945-3191
傳真　(02)2945-3190
網址　www.rising-books.com.tw
Mail　resing@ms34.hinet.net

初版日期　2015年4月
定價　380元

國家圖書館出版品預行編目資料

大師如何設計：136種未來宅設計概念 / 田園都市建築家協會作；林文娟譯. -- 初版. -- 新北市：瑞昇文化, 2015.04
160面；25.7 X 18.2公分
ISBN 978-986-401-019-6(平裝)

1.房屋建築 2.室內設計 3.空間設計

441.58　　104005653